中国城市规划学会学术成果

"中国城乡规划实施理论与典型案例"系列丛书第10卷

总 主 编：李锦生

副总主编：叶裕民

北京首钢老工业区转型发展与规划实践

北京市城市规划设计研究院　著

首钢集团有限公司

北京市建筑设计研究院有限公司

北京首钢筑境国际建筑设计有限公司

清华大学建筑学院

北京戈建建筑设计顾问有限责任公司

奥雅纳工程咨询（上海）有限公司

U0249879

中国建筑工业出版社

图书在版编目（CIP）数据

北京首钢老工业区转型发展与规划实践 / 北京市城市规划设计研究院等著 . —北京：中国建筑工业出版社，2022.10

（"中国城乡规划实施理论与典型案例"系列丛书 / 李锦生总主编；第 10 卷）

ISBN 978-7-112-27823-7

Ⅰ.①北⋯ Ⅱ.①北⋯ Ⅲ.①老工业基地 – 城市规划 – 研究 – 北京 Ⅳ.① TU984.13

中国版本图书馆 CIP 数据核字（2022）第 156232 号

责任编辑：陈小娟　李　鸽
责任校对：党　蕾

"中国城乡规划实施理论与典型案例"系列丛书第 10 卷
总主编：李锦生　副总主编：叶裕民

北京首钢老工业区转型发展与规划实践

北京市城市规划设计研究院　著
首钢集团有限公司
北京市建筑设计研究院有限公司
北京首钢筑境国际建筑设计有限公司
清华大学建筑学院
北京戈建建筑设计顾问有限责任公司
奥雅纳工程咨询（上海）有限公司

＊

中国建筑工业出版社出版、发行（北京海淀三里河路 9 号）
各地新华书店、建筑书店经销
北京方舟正佳图文设计有限公司制版
北京富诚彩色印刷有限公司印刷

＊

开本：787 毫米 ×1092 毫米　1 / 16　印张：14½　字数：361 千字
2022 年 11 月第一版　2022 年 11 月第一次印刷
定价：**138.00** 元
ISBN 978-7-112-27823-7
（39512）

丛书总主编：李锦生
丛书副总主编：叶裕民

本书编委会

主　　编：施卫良　鞠鹏艳
副 主 编：吴　晨　薄宏涛　白　宁　朱育帆　戈　建　叶祖达
统筹单位：北京市城市规划设计研究院　首钢集团有限公司
编委单位：北京市城市规划设计研究院
　　　　　首钢集团有限公司
　　　　　北京市建筑设计研究院有限公司
　　　　　北京首钢筑境国际建筑设计有限公司
　　　　　清华大学建筑学院
　　　　　北京戈建建筑设计顾问有限责任公司
　　　　　奥雅纳工程咨询（上海）有限公司
资助出版：北京市城市规划设计研究院
主要执笔人：（按单位分组）
　　　　　施卫良　鞠鹏艳　杨　松　张　嫱　赵庆楠
　　　　　白　宁　袁　芳　陈亚波　陈　傲
　　　　　吴　晨　段昌莉　宋　超　施　媛　李　婧　刘晓宾
　　　　　薄宏涛　周旭宏　周明旭　康　琪　郑智雪　李凯欣　高　巍　杨　嘉
　　　　　朱育帆　孟凡玉　田　锦　吕　回　易文静　李　宾　朱思羽　缴钰坤
　　　　　　　　　孙宇彤　郭一藩
　　　　　叶祖达
　　　　　戈　建　Deenen Laurent　尤文佳
　　　　　阳建强　任　凯
统　　稿：施卫良　鞠鹏艳
校　　审：鞠鹏艳　张　嫱　袁　芳
特别鸣谢：张　利　李兴钢

序

  城市更新可溯源至 18 世纪后半叶的英国工业革命，发展至今已有两百多年的历史。尤其是第二次世界大战后，伴随着西方国家城市发展背景变迁与阶段演进，城市更新的内涵与外延也发生显著变化，从 20 世纪 50 年代的"城市重建"（Urban Reconstruction）到 60 年代的"城市振兴"（Urban Revitaliza-tion），从 70 年代的"城市更新"（Urban Renewal）到 80 年代的"城市再开发"（Urban Redevelopment），再到 90 年代以后的"城市再生"（Urban Regeneration）和"城市复兴"（Urban Renaissance），不再局限于物质空间环境的改善，而更为体现出历史保护、文化传承、社会和谐、经济复兴等广泛的意义，人本主义思想和可持续发展观深入人心。所以，广义的城市更新不只是物质空间的更新，还涉及经济振兴、文化传承、社会治理等多元维度，可以分为推倒重建和有机更新两种方式：前者侧重产权结构、土地结构、空间形态等重构重塑和大规模的功能急剧更替，一般采用自上而下的政府主导，强调短期经济利益的实现；后者侧重小规模、缓慢渐进式的局部调整和功能与产权的延续，自下而上地由多元主体参与推动。可以说，城市更新已成为当前国内外学术界关注的热点问题，也是一国或地区城镇化水平进入一定发展阶段后面临的主要任务。

  老工业区更新是城市更新中既重要又独特的内容，它的发生发展和城市产业结构调整息息相关，尤其是在 20 世纪后半期第三次科技革命的作用下，一些不符合区域与城市产业发展方向的制造业从城市中心地区分离出来，城市传统工业区为获得经济复兴开始进行大规模更新改造。老工业区更新和城市更新在内涵和外延的变化方面有着相似的阶段性特征，但是由于老工业区复兴的问题挑战、目标路径与一般地区的城市更新不同，全球范围不同城市的探索也有显著的差异，所以老工业区更新与复兴问题的专门性探索在全球城市更新领域都是具有意义的主题。

  中华人民共和国成立初期，全国大规模的工业化建设奠定了我国基本工业格局，进入 21 世纪我国工业化进程步入新阶段，一些经济发达区域率先进入后工业化社会，开始探索城市中心区老工业地区的更新改造和转型发展。习近平总书记多次强调"城市规划建设工作不能急功近利、不搞大拆大建，要多采用微改造的'绣花'功夫，让城市留下记忆，让人们记住乡愁"。随着城乡社会经济建设全面转型提质发展，城市老工业区也迎来转型发展的新时代，老工业区更新将成为今后城市规划建设和城市更新的重要任务。

  值得注意的是，吸取西方发达国家城市的经验和教训，我国城市更新的重点不能仅仅关注物质环境的更新改善，而应更好地兼顾历史文脉、创新产业、社会治理和民生保障等多元包容性发展目标。同时，城市更新过程不仅仅是一种建设行为活动，更重要的是建立城市自我调节或受外力推动的韧性机制，旨在防止、阻止和消除城市衰老或衰退，而通过结构与功能不断地相适调节，增强优化城市整体机能，使城市能够不断适应未来社会和经济发展的需要。然而，国内相关理论研究仍然滞后，尚不能满足实践需要。为此，需要立足国内丰富的地方实践，立足国土空间规划实施，加强系统思维、整体思维和底线思维，敢于直面和破解现实难题，探寻中国城市更新实施的制度创新和理论方法架构。为了满足地方对规划实施前沿经验和理论的需求，中国城市规划学会规划实施学术委员会致力于总结各地规划实施的前沿经验和理论探索，已出版的案例专著和优秀论文集汇编两个著作系列受到业内广泛欢迎和热情鼓励。

第一，案例专著系列，以专著的形式连续出版"中国城乡规划实施理论与典型案例"系列丛书。专著以每年年会所在城市的成功案例为主，包括该时期典型的具有推广和参考价值的其他规划实施案例，对每个案例的背景、理论基础、实践过程进行深入解析，并提炼可供推广的经验。迄今为止，已经正式出版了8卷：《广州可实施性村庄规划编制探索》《诗划乡村——成都乡村规划实践》《广东绿道规划与实施治理》《珠海社区体育公园规划建设探索》《深圳市存量更新规划实施探索：整村统筹土地整备模式与实务》《深圳土地整备：理论解析与实践经验》《深圳存量规划背景下的规划实践探索》《南京城市更新规划建设实践探索》，还有一卷正在出版当中。我们会努力坚持，至少一年完成一个优秀案例总结，分享给读者，为同仁提供全国规划实施的前沿理论探索与典型经验，也欢迎全国各地的规划实施案例加入这套系列丛书中来。

第二，年会优秀论文汇编系列，基于每年规划实施学术委员会全国征集论文，通过专家评审，筛选优秀论文，出版《中国城乡规划实施研究——全国规划实施学术研讨会成果集》，迄今为止已经于2014—2021年出版了8册。

感谢中国城市规划学会给予二级机构规划实施学术委员会的大力支持，特别是对学会孙安军理事长、石楠副理事长对学委会一直以来的热心支持和悉心指导表示衷心感谢！同时，也要感谢学委会各位委员坚持不懈的努力，才有系列案例研究成果的持续出版！感谢中国人民大学公共管理学院规划与管理系、广州市规划和自然资源委员会、成都市规划局、深圳城市规划学会、北京市城市规划设计研究院、武汉市土地利用和城市空间规划研究中心、珠海市自然资源局和珠海市规划设计研究院、南京市规划和自然资源局与南京市城市规划编制研究中心，这些单位分别承办了学委会第 1 ~ 8 届年会"中国规划实施学术研讨会"，并付出了大量辛勤劳动！感谢给学委会年会投稿和参加会议的同仁朋友们，你们对学委会工作的肯定是我们工作最大的动力！感谢多年来所有关心和支持学委会的领导、专家、同仁和朋友们，希望我们分享的成果可以对大家有所帮助。

2017 年 11 月，我们在北京举办了第五届中国规划实施学术研讨会，专题聚焦老工业区发展转型与规划实施的首钢经验，探讨城市老工业区规划实施的创新路径。在此基础上，北京市城市规划设计研究院牵头的首钢老工业区北区设计团队并联合首钢集团编撰完成本书，旨在对城市转型发展新时期和城市发展新理念背景下如何开展城市老工业区更新展开讨论和研究，具有重要意义：其一，全面总结首钢老工业区更新历程与经验特点，尤其是对新时期老工业区复兴发展的内涵和规划编制与实施机制进行深入解读，以首钢模式为样本展现新目标新理念下的城市规划与实施的创新与变革。其二，首钢老工业区曾经对新中国工业化建设作出过历史贡献，在落实新时期首都城市战略定位和推动京津冀协同发展方面首钢担负了创新发展的历史重任，首钢的规划实践经验也将在引领全国老工业区探索转型发展方式、创新规划与实施方面具有重要作用。其三，北京市城市规划设计研究院作为亲历首钢老工业区改造转型全过程的牵头技术团队和首钢规划实施的技术支撑单位，联合参与首钢改造的设计团队和首钢集团组成本书写作团队，以亲身经历和实践经验写就本书，更具完整性和真实性。因此，本书是一本有价值、有意义、可借鉴的学术和实践之作。感谢北京市城市规划设计研究院和首钢集团对学会工作的大力支持！感谢本书编写组付出的艰辛努力！希望这本专著有助于朋友们深入理解新时期的城市老工业区复兴发展的内涵，并借此总结首钢实践方法，提炼形成可复制推广的规划实施工作经验，为国内其他城市所借鉴应用。

本书为中国城市规划学会城乡规划实施学术委员会的专著系列，请大家多提宝贵意见和建议，相关内容可以直接发送至学委会工作邮箱 imp@planning.org.cn。

李锦生 王引

2022 年 3 月

自序

2005 年国务院正式批复《首钢实施搬迁、结构调整和环境治理方案》，首钢老工业区开启了艰巨而长期的更新改造与转型发展历程，在伴随首钢转型发展将近二十年的过程中，围绕首钢的规划设计工作从始至终、从无到有、从探索到实施从未停止过。在 2022 年北京冬奥会成功举办之际，我们回顾那些历史过程和规划设计的阶段性探索，将所有的历程和经验与大家分享，不仅是从老工业区更新这个角度对"中国城乡规划实施理论与典型案例"系列丛书的重要补充，也是从规划与实施角度第一次对首钢老工业区转型发展实践进行全面系统的总结。

老工业区更新改造是一个世界性的话题，伴随全球城市产业结构调整和经济形态的不断变化已经探索了半个世纪，虽然不断有相对成功的案例产生，这仍然是一个值得不断探索的常新的话题。在不断研究和实践的过程中，老工业区更新改造的系统复杂性和内涵的多元性越来越得到广泛的重视，尤其是在中国城市发展进入转型阶段，新的时代背景下老工业区更新改造的价值日益凸现，从政策机制到规划设计与实施管理等各个层面都成为城市更新的关注点。

首钢的发展和新中国成立后北京城市总体规划建设的各阶段要求紧密关联。首钢老工业区在钢铁生产的辉煌时代，曾经为中国钢铁业发展作出突出贡献，曾经是北京市和石景山区的重要产业基地，随着北京城市功能定位的不断优化完善，在新时期首都建设和京津冀协同发展的战略要求之下，首钢以壮士断腕的决心实现北京主厂区钢铁制造业彻底停产，开始了从山（石景山）到海（曹妃甸）的钢铁制造业大搬迁，同时也开始谋划位于首都重要功能轴线长安街西端的主厂区更新改造，面对重重困难开始探索老工业区的全面转型发展路径。

规划团队对首钢更新改造与转型发展的研究早在 2010 年底首钢停产之前就已经开始，在 2004 年版的北京城市总体规划编制和 2005 年初国务院批准首钢搬迁的时期，北京市城市规划设计研究院按照北京市委市政府和北京市规划管理部门的统一部署，启动了首钢老工业区更新改造研究设计工作。近二十年来在持续陪伴首钢更新转型的过程中，围绕首钢更新改造阶段性任务、服务于城市更新精细化管理要求，首钢的更新目标不断提升、规划设计理念不断完善，相应的规划设计工作不断延展深化。随着更新改造项目的逐步落地，更加多元的设计力量不断汇聚到首钢地区。面向改造项目设计与管理实施，北京市规划管理部门和首钢集团探索搭建了综合协同平台，由北京市城市规划设计研究院作为平台技术支撑单位提供全过程服务。平台采取开放的工作机制，根据不同阶段的更新要求统筹局部项目设计与实施，这种非常规的规划实施机制在长期更新改造过程中，一方面自上而下地将创新发展理念和复兴发展目标全面落实到具体项目中，实现一张蓝图干到底；另一方面及时发现首钢改造过程中的问题与转型过程中的掣肘，自下而上地推动完善规划建设管理内容和实施机制的创新。

首钢老工业区的更新改造与转型发展离不开首钢集团与几代首钢人持之以恒艰苦卓绝的拼搏与付出，在落实京津冀协同发展战略和首都城市战略功能定位中，首钢集团充分展现了大型国有企业的担当意识，勇敢地成为探索区域与城市综合转型发展方式、探索国有企业改革路径的排头兵。首钢人带着对这片老工业区热土的留恋，凭借着首钢人的历史情怀，在首都城市发展史上写下了功勋首钢的百年梦想，充分彰显"传承敢闯敢坚持敢于苦干硬干、发扬敢担当敢创新敢为天下先"的首钢精神。

由于大型老工业区的更新改造和转型发展涉及社会、经济、空间、文化等一系列问题，首钢规划工作创新传统规划技术范畴，对首钢转型与全面复兴持续引领，是城市规划建设工作在总结历史经验和把握新时代老工业区更新改造发展规律的基础上，对新的城市发展理念进行的一次持续性的落地性的探索。首钢更新改造的阶段性效果代表了新理念下北京城市规划建设变革与发展的成就，展现了中国特色的城市转型创新发展智慧。

首钢老工业区更新改造与转型发展在社会层面取得广泛的关注和认可，它展现的阶段性成效来源于各级政府、首钢自身、市场力量以及规划设计研究团队的共同努力。首钢更新改造的独特之处在于将老工业区的功能转型融入区域和首都发展的大局，审时度势、勇于创新地对传统工业资源全面系统的更新利用。

首钢改造不同于以往的工业建（构）筑物改造成功案例，它是区域层面城市系统更新的典范，不仅实现了老工业区的功能转型和工业资源改造利用，也承载了文化与人的生生不息的发展。因此，本书的重点不在于全面展示各阶段首钢规划研究成果，而是立足首钢转型发展，梳理各阶段规划设计研究工作的目标和重点，总结首钢转型在规划实施层面的创新经验，希望能够为城市老工业区的更新转型发展提供一点借鉴。

本书内容分为上篇和下篇两部分，上篇：转型·规划探索，主要从规划角度介绍首钢转型的历程与规划创新；下篇：复兴·规划实施，主要从项目设计角度介绍首钢转型的实施内容与效果。上篇下设四章，第一章从背景方面介绍首钢改造转型与首都发展关系、全球城市老工业区改造目标演变、首钢改造转型的挑战压力与诉求；第二章将首钢转型至今划分为三个不同的时期，介绍不同阶段的特征、核心问题和主要规划工作；第三章立足总结首钢转型创新经验，介绍保障制度、规划技术、运营管理、社会发展方面的探索；第四章以首钢北区作为近期实施重点，介绍首钢实现全面复兴的目标体系和空间架构。下篇下设五章，第五章到第八章围绕文化复兴、生态复兴、产业复兴、活力复兴这四个首钢复兴具体目标展示实施项目的设计和特色，最后第九章从全国与国际、首都北京、首钢自身三个层面总结首钢老工业区更新转型的主要成效，并进行展望。

由于首钢规划实践探索历程是长期性的工作，也是一个还在不断进行中的工作，面向未来发展回顾我们的工作还有很多不足，本书是首钢实践的一次阶段性的完整总结，不足之处还请读者们给予包涵和建议。

施卫良　鞠鹏艳

2022 年 3 月 14 日

目录

上篇 转型·规划探索

第1章 首钢转型发展背景

1.1 城市总体发展背景下的首钢变迁

自 1919 年建厂到 2010 年底停产以前，"首钢"曾经是北京市钢铁产业的代名词，其钢铁产业辉煌时期曾经对北京市工业化发展和全国钢铁产业发挥了举足轻重的作用。从近百年的发展历程看，首钢老工业区的发展与北京城市总体发展要求高度同步，北京规划建设不同阶段的要求都深刻影响着首钢的发展。为了新中国的建设，为了建设一个更好的首都，首钢不断跨越挑战、不断优化发展，实现了重大转型。

1.1.1 工业化发展阶段

北京的钢铁工业起源于首钢的前身——1919 年建成的官商合办龙烟铁矿股份有限公司筹建的石景山炼厂。抗日战争爆发后，沦入日本帝国主义之手，改名为石景山制铁所，但直至 1938 年 11 月才炼出第一炉铁水。1945 年日本投降后，国民党政府将保田铸管厂与石景山制铁所合并，改名为石景山炼铁厂。

中华人民共和国成立后，北京市遵照中央指示，努力恢复与发展生产，贯彻执行"把北京由消费城市变成生产城市"的方针，依靠工人群众接管了石景山炼铁厂等多家官僚资本企业，建立了第一批全民所有制国营工业企业，从此北京的工业建设翻开了新的一页。1953 年，北京市委成立规划小组，提出了《改建与扩建北京市规划草案的要点》，规划草案规定，首都建设的总方针是"为生产服务，为中央服务，归根到底是为劳动人民服务"（图 1-1）。1957 年《北京城市建设总体规划初步方案》和 1958 年《北京市总体规划方案》均紧紧围绕这一总方针展开，出于为生产服务的目的，在城市布局中优先考虑工业区的位置（图 1-2）。1958 年，在"以钢为纲"的指导方针下，原石景山钢铁厂改名为石景山钢铁公司（简称石钢），并进行了大规模扩建。同年，石钢职工经过 14 个昼夜的奋战，建起了中国第一座侧吹转炉，结束了有铁无钢的历史。1966 年，石钢改名为首都钢铁公司（简称首钢），1967 年，首钢初轧厂建成，成为采矿、冶炼和开坯比较配套的联合企业。

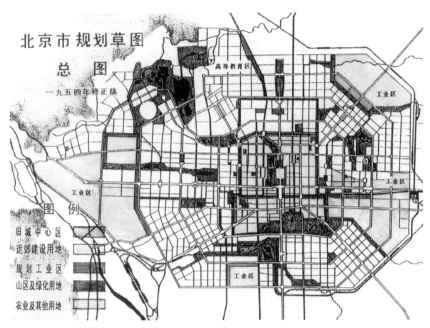

图 1-1　改建与扩建北京城市规划草案（1954 年）

图 1-2　北京城市建设总体规划初步方案修改稿（1958 年）

随着首钢不断扩张发展，耗能高、用水多、"三废"等环境污染问题逐步显现。1982 年《北京城市建设总体规划方案》在城市性质上突出了北京是"政治中心和文化中心"，不再提"经济中心"和"现代化工业基地"，并强调"工业建设规模，要严加控制"，提出"北京不再发展重工业"（图 1-3）。在 1982 年《北京城市建设总体规划方案》制定的发展目标下，首钢在扩大炼钢和型材生产能力的同时，开始大规模采用自动化、节能和环保等新技术。

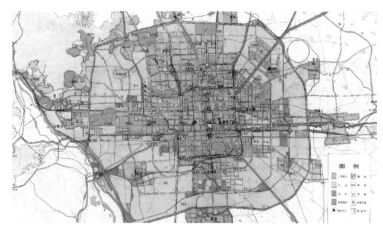

图 1-3 北京城市建设总体规划方案（1982 年）

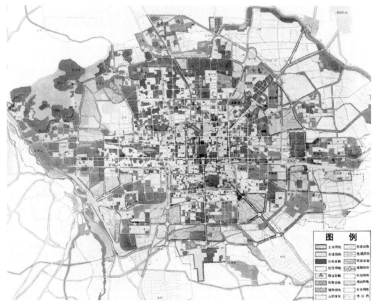

图 1-4 北京城市总体规划（1991—2010 年）

1992 年《北京城市总体规划》在基本目标中提出，北京要"建立以高新技术为先导，第三产业发达，经济结构合理的高效益、高素质的适合首都特点的经济"（图 1-4）。1992 年经国家工商行政管理局特批，原首都钢铁公司更名为首钢总公司。首钢逐步发展成为以钢铁生产为主，包括电子机电业、建筑业、服务业、矿产资源业等非钢产业的集团化公司。1994 年首钢的钢产量达到 824 万 t，列当年全国第一位。1996 年，经北京市人民政府、冶金部研究，正式批准组建首钢集团。为了落实 1992 年《北京城市总体规划》在产业结构调整、优化产业发展方向、解决城市环境污染问题等方面的要求，首钢在环境治理、环保和循环利用方面，投入了大量的技术力量和资金，但是以钢铁为主的重工业生产与北京城市发展目标和限制条件的矛盾仍然突出，影响了首钢钢铁业在北京的进一步发展（图 1-5）。

图 1-5　首钢老工业区原貌

1.1.2　调整搬迁转型阶段

2001 年 7 月 13 日，北京申办第 29 届夏季奥林匹克运动会成功。为了"绿色奥运"的承诺，展现新北京、新奥运的形象，北京市委市政府进行了深入研究，决定将首钢搬迁。2004 年北京市委市政府批复《北京城市总体规划（2004—2020 年）》（图 1-6）。2004 版总规确定"北京是中华人民共和国的首都，是全国的政治中心和文化中心，是世界著名的古都和现代化国际城市"。关于中心城城市布局，2004 版总规提出中心城的建设应从外延扩展转向调整优化，实施"六个调整"和"六个优化"，包括调整工业用地比例、搬迁改造传统工业、优化城市职能中心功能、大力发展现代服务业等，并且明确提出"加快实施首钢等地区的传统工业搬迁及产业结构调整"，以此疏散中心地区人口和部分职能，改善城市发展环境，在用地性质上首次将首钢地区从工业用地规划为混合用地。

随着不断的产业调整和转型，2004 年，首钢在北京地区的工业生产利润为 14.77 亿元，占北京市财政收入的比重大大降低，生产规模处于全国三四位。2005 年《北京市人民政府关于首钢总公司实施压产、结构调整和环境治理的情况汇报》经国家发展改革委正式批复，为了适应北京城市的生态环境建设和经济结构转型，首钢开始逐步关停在京钢铁生产线并实施外迁。首钢搬迁是经国务院批准的一项重大工程，对于首钢搬迁后原址利用问题，2005 年根据北京市政府的指示精神，在北京市城市规划管理部门的组织下，北京市城市规划设计研究院开展了对首钢老工业区近二十年的更新改造研究。

1.1.3　新时代首都城市复兴新地标建设阶段

2014 年 2 月和 2017 年 2 月，习近平总书记两次视察北京并发表重要讲话，为新时期首都发展指明了方向。为深入贯彻习近平总书记视察北京重要讲话精神，紧紧扣住迈向"两个一百年"奋斗目标和中华民族伟大复兴的时代使命，围绕"建设一个什么样的首都，怎样建设首都"这一重大问题，北京市编制了新一版城市总体规划。

2017 年，党中央、国务院批复《北京城市总体规划（2016—2035 年）》（简称"新总规"）（图 1-7）。

图 1-6　《北京城市总体规划（2004—2020 年）》之中心城用地规划图

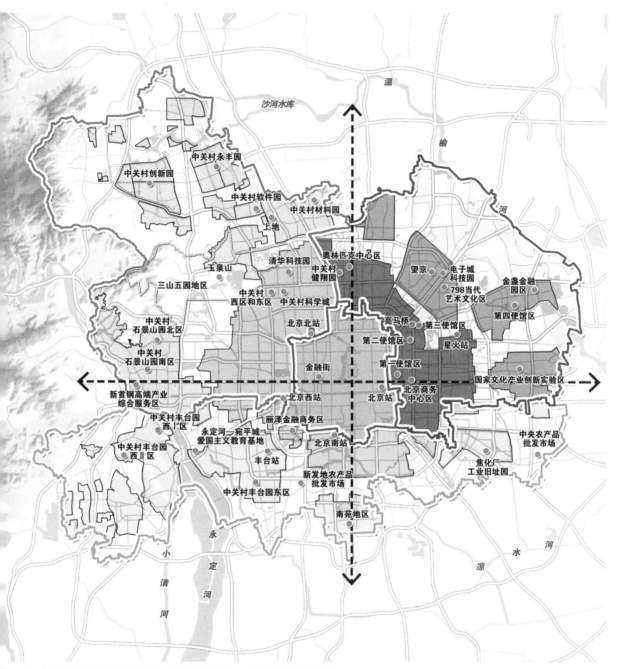

图1-7 《北京城市总体规划（2016—2035年）》之中心城区功能分区示意图

在首都迈向国际一流和谐宜居之都的历史进程中，首钢老工业区这片土地肩负着重要使命，新总规提出"新首钢高端产业综合服务区是传统工业绿色转型升级示范区、京西高端产业创新高地、后工业文化体育创意基地。加强工业遗存保护利用，重点建设首钢老工业区北区，打造国家体育产业示范区，推动首钢北京园区与曹妃甸园区联动发展"。

新版总规进一步明确了首钢转型发展的方向，首钢与首都城市发展又一次紧密地联系在一起。2017年9月，北京市委书记蔡奇在北京城市总体规划实施动员和部署大会上提出"首钢是北京城市复兴新地标"，对新首钢地区的规划建设提出更高的要求。2018年通过市委专题会、市委市政府首钢调研座谈会和新首钢高端产业综合服务区发展建设领导小组会，明确了新首钢地区打造新时代首都城市复兴新地标的总体目标，以及一系列具体要求，包括：以保定建、战略留白、规模双控。2017年，以冬奥组委入驻为契机，首钢老工业区转型发展和新时代首都城市复兴新地标建设任务进入了探索实践阶段。

1.2 产业结构调整背景下的老工业区更新

1.2.1 老工业区的兴衰

老工业区的发展始终与城市产业结构调整息息相关，随着城市产业结构的变化，老工业区也经历了兴起、衰退和再更新的过程。

工业化时期，矿业、原材料采掘、制造业等重工业成为许多城市经济的主导力量，工业革命极大地促进了城市化进程，改变了城市的整体结构，城市中工业区占据了城市用地的相当比重，工业用地与配套的仓储、对外交通和市政设施用地构成了城市空间的主体，影响着城市的发展方向和规模。

20世纪后半期，信息化引领的科技革命突飞猛进，同时，能源危机和环境问题日益突出，制造业经历了一个半世纪作为城市基础产业之后，开始从城市中分离出来。随之而来的是大部分城市出现不同程度的结构性衰落，城市用地大量闲置和废弃，出现了"逆工业化"现象。随着制造业、运输业和仓储业持续衰退，金融、贸易、科技、信息与文化等功能日趋成为城市的主要职能，传统工业中心为获得经济复兴进行了大规模更新改造。

中华人民共和国成立初期，工业基础非常薄弱，分布也极不均衡，为改变这种落后状况，中央政府提出"变消费城市为生产城市"和"改变国家工业的地理分布"的重要方针，在计划经济体制下，开启了大规模的工业化建设，奠定了我国的基本工业格局。21世纪，我国工业化进程进入新阶段，产业结构调整成为实现国民经济快速发展的战略重点。经济发达区域已经达到或者超越了工业化后期阶段，北京、上海已经进入后工业化社会，通过发展文化创意产业、现代服务业等新兴产业，探索城市中心区老工业地区的更新改造和转型发展，如北京798和751地区改造、上海杨浦工业区改造等。一些仍处于工业化进程之中的城市，面临着经济效益低下、土地闲置等功能性和结构性衰退问题，也在探索通过引进先进技术、发展新兴产业等方式促进老工业区的转型升级。

1.2.2 更新价值趋向多元

大量更新改造理论研究和实践探索显示，老工业区改造模式逐渐从拆除重建的开发模式向多元复合更新方向转变。

发达国家开展老工业区改造研究和实践探索较早，通过对工业遗址保留、改造、修缮、翻建等方式，赋予工业场地全新职能，形成房地产开发、博物馆、创意产业、文化展览、遗址公园、休闲娱乐等多种模式，转变了工业场地在城市中的职能，有些地区通过吸引知名高等教育、文化媒体制作机构，提升城市形象。

我国关于老工业区更新改造的规划研究工作起步较晚。20 世纪 80 年代，由于对老工业区所承载的历史文化价值缺乏重视，对传统工业场地和工业资源通过再利用的方式创造新经济形态缺少认识，一些老工业区在房地产开发建设中被拆除，这一时期的老工业区改造更多关注城市工业场地的经济价值，虽然部分解决了短期老工业区停产后面临的经济问题，但转型发展的长期问题没有得到应有的重视。

随着我国社会经济发展水平提升，城市新产业和新经济形态的涌现，老工业区在城市更新改造中的多重价值得到广泛关注，传统工业资源在城市高品质特色化发展中的作用逐渐凸现。对于老工业区改造利用的探索成为国内城市更新的热点，老工业区改造为城市公共活动、休闲游憩、文化创意空间的案例越来越多。近年来，城市老工业区的更新改造不再局限于场地自身，而是积极融入城市整体功能的提升和可持续发展中，形成有活力、有特征、有文化的城市空间载体。老工业区可利用的资源要素不断被挖掘，围绕历史、文化、社会、生态、经济等多重价值的研究持续开展，老工业区的更新改造越来越成为完善城市功能、提升城市活力、提高城市发展品质的重要组成部分。

1.2.3 城市复兴推动更新进入新阶段

随着对城市更新的认识和研究不断深入，西方城市更新涌现出城市更新（Urban Renewal）、城市再生（Urban Regeneration）、城市复兴（Urban Renaissance）等概念。

以英国为例，20 世纪 60 年代后期到 70 年代，英国城市兴起以政府为主导力的城市更新运动，开始实施以内城复兴、社会福利提高及物质环境更新为目标的城市更新政策。进入 90 年代，英国政府、公共和私人组织的合作开始取代房地产或者政府的单一主导力量，在人本主义思想和可持续发展观的影响下，逐渐形成城市复兴的理论思潮和实践，寻找对地区经济、物质环境、社会及自然环境条件上的持续改善。

20 世纪 80 年代以来，中国学者结合中国的实践情况，从西方城市更新理论中借鉴经验，形成了"新陈代谢""有机更新"等思想，提出小规模、渐进式有机更新改造，在城市化过程中进行系统性管理的城市再生，用全面综合的观点和行动解决问题，寻求一个地区在经济、社会等环境上的可持续发展等思路。进入 21 世纪，随着城市传统风貌地区大规模拆除重建的开发模式被叫停以及文化保护意识的加强，文化创意产业为导向的城市更新模式成为研究主流，形成了"城市文态"和"文化创意产业集聚区"等概念。我国全面进入经济发展新常态阶段后，"历史街区微更新""社会型城市更新"等城市更新理念被相继提出，城市更新中的社会治理问题、公共空间问题日渐成为研究焦点。

在新的城市复兴背景下，国内外众多实践逐渐探索出经济转型、创新驱动、社会融合、文化引领、空间重构等策略。城市更新更加注重发挥新的知识要素对城市新型产业和城市经济的带动和提升作用，注重产业转型与社会发展之间的平衡，注重历史文化和文脉的保存、传承与发扬，注重通过与城市公共中心、公共交通的结合引导城市空间重构，优化城市空间形态。

从城市更新到城市复兴，城市老工业区更新改造的理论内涵不断丰富，更新改造的方式更加复合多元，老工业区更新逐渐从关注物质空间的形体主义向人本主义、从政府主导向多方参与、从局限于老工业区自身向与城市高度融合转变。在城市复兴的背景下，老工业区更新策略打破了自身的封闭性，与城市复兴的整体战略有机融合在一起，成为城市复兴发展的重要支点。

1.3 首钢老工业区转型面临的挑战与问题

1.3.1 全国老工业基地转型的目标与挑战

（1）老工业基地转型总体目标

全国范围老工业基地转型是我国经济结构调整的客观结果，我国在"一五""二五"和"三线"建设时期形成大量老工业基地，为新中国的工业化建设和国民经济发展作出了重要贡献。随着经济结构调整，很多资源能源消耗型的老工业基地发展难以持续，一些以老工业基地发展为基础的城市出现了落后产能集中、基础设施老化、城市综合环境亟待治理等问题。

老工业基地转型问题复杂而综合，国家层面关于老工业基地转型问题明确提出转型应把握老工业基地转型的复杂症结和综合目标，通过转型不仅要实现产业体系的重塑，也需要以老工业基地转型促进实现传统工业城市的综合功能完善、民生条件改善、生态环境治理、体制机制创新等社会经济环境综合发展目标。

在产业体系重塑方面，通过转型让传统工业驱动的老工业基地走向高新技术产业和服务业主导的新的经济结构，提升产业竞争力，提升自主创新和科研成果转化能力，让老工业基地从资源消耗型产业主导向创新驱动型产业主导转型。

在城市综合功能完善方面，通过转型优化城市空间布局，加强市政公共设施建设，完善城市功能结构，统筹老工业区改造和城市新区建设，在转型中关注老工业基地的区域辐射带动作用。

在民生条件改善方面，通过转型保障就业，让居民收入增长和经济发展同步，建立和完善基本公共服务体系，着力解决就业、社会保障、住房等重点民生问题，加强和创新社会管理，促进社会和谐稳定。

在生态环境治理方面，通过转型推进节能减排，集约利用资源，保护和改善生态环境，提高绿色低碳发展水平，建设资源节约型、环境友好型城市。

在体制机制创新方面，以转型带动国有企业改革，积极发展多种所有制经济，加快转变政府职能，提升对内对外开放的层次和水平，为调整改造提供强大动力。

2013 年 3 月，国务院以国函〔2013〕46 号下发《全国老工业基地调整改造规划（2013—2022 年）》，规划提出："到 2022 年，老工业基地现代产业体系基本形成，自主创新和绿色低碳发展水平显著提升，城区老工业区调整改造基本完成，城市综合功能基本完善，辐射带动作用显著增强，基本公共服务体系趋于健全，良性发展机制基本形成，为建设成为产业竞争力强、功能完善、生态良好、和谐发展的现代化城市奠定坚实基础。"

2014 年 3 月，国务院以国办发〔2014〕9 号下发《国务院办公厅关于推进城区老工业区搬迁改造的指导意见》，提出："按照党中央、国务院的决策部署，以加快转变经济发展方式为主线，以新型工业化和新型城镇化为引领，以改革创新为动力，以城区老工业区产业重构、城市功能完善、生态环境修复和民生改善为着力点，与加快棚户区改造和加强城市基础设施建设相结合，统筹推进企业搬迁改造和新产业培育发展，破解城市内部二元结构，力争到 2022 年基本完成城区老工业区搬迁改造任务，把城区老工业区建设成为经济繁荣、功能完善、生态宜居的现代化城区。"指导意见将首钢老工业区列为城区老工业区搬迁改造的 1 号试点项目。

（2）老工业基地转型面临挑战

全国范围内老工业基地的转型探索一直在持续，在取得重要阶段成果、积累宝贵经验的同时，老工业基地转型问题仍然没有得到完全解决。《全国老工业基地调整改造规划（2013—2022 年）》就指出："也要清醒地认识到，东北老工业基地内生增长动力和良性发展机制尚未形成，经济增长过分依赖投资拉动，区域内部发展很不均衡。"

产业发展水平方面，老工业基地现状产业层次低，发展方式粗放，原材料和初级产品产值占工业总产值的比重高出全国平均水平，总体能耗强度超出全国平均水平。

与城市发展关系方面，历史形成的老工业基地大多处于现在的城市中心区，传统工业生产区和现代生活区混杂交错，中心区市政基础设施陈旧，制约了城市功能完善提升。

环境治理方面，老工业基地排放强度大，环境污染严重，单位地区生产总值化学需氧量、二氧化硫排放强度高于全国平均水平，部分工业废弃地还存在土壤污染和沉陷区问题。

民生条件方面，发展停滞的老工业基地就业压力大，收入水平低，城镇登记失业率高出全国平均水平，城镇居民人均可支配收入低于全国平均水平，居民生活条件亟待改善。

体制机制方面，老工业基地还有企业办社会、厂办大集体等历史遗留问题，这些问题也是在转型中需要妥善解决的，因此老工业基地转型是一系列体制机制的改革与创新。

1.3.2 首钢老工业区转型面临的问题

首钢老工业区转型恰逢首都发展新的历史时期，首都的发展方式实现从聚集资源求增长到疏解功能谋发展的重大转变，承载建设国际一流和谐宜居之都的历史使命。首钢的转型发展面临着产业转型、工业文化资源保护、生态环境治理、传统工人再就业等问题，在新的历史时期和首都发展战略背景下，面对问题和挑战的首钢需要探索一条与"工业遗址公园保护模式或房地产开发模式"不同的路径，一条实现经济、社会、文化、空间、环境综合转型发展目标的老工业区转型之路。

（1）环境治理问题

首钢一直以来高度重视环境治理问题，在钢铁业发展时期就在节能环保和循环利用等方面投入大量的技术力量和资金，降低能耗、水耗，防治大气污染和废水污染，推进工业废渣综合利用。但是在停产之后，长期的重工业生产不可避免地给厂区资源环境留下很多问题，需要对工业厂区进行"棕地"治理。此外，首钢紧邻的永定河在建厂初期为工业用水提供了便利，首钢在生产时期沿永定河东岸依托铁路运输线也布局了生产功能岸线，永定河及其沿线的生态景观环境受到破坏，难以满足城市总体规划对永定河生态带的要求（图1-8）。

首钢在停产之前通过实施一系列技术改造工程，2004年吨钢综合能耗达到760.8kgce，与1995年

图1-8　首钢老工业区工业生产时期原貌

（1129.9kgce/t）相比下降 32.7%；吨钢耗新水达到 5.45m³/t，与 1995 年（10.5m³/t）相比下降 48.1%，水耗指标达到同期国内同行业先进水平。

（2）产业转型和功能重塑问题

首钢老工业区所在的石景山区长期以来围绕京西八大厂等重工业企业发展，形成了工业厂区、工人居住区和生活服务配套为主的空间格局，高端创新产业没有发展基础。随着城市产业结构调整，石景山地区产业活力逐渐下降，居民收入水平原来处于城市收入结构的上游，随着产业转型则逐渐向下游滑落。围绕这些问题，政府开展了很多研究，但是由于石景山地区大部分是城市建成区，用地更新改造、社会经济结构调整和转型提升的难度较大。这一时期，中心城大量新增的居住空间需求跨越石景山永定河，向门头沟新城等区域扩散，而处于中心城西部的石景山地区发展相对缓慢。首钢老工业区的搬迁意味着大量的用地资源获得释放，给京西区域的转型升级和城市功能完善带来很大的想象空间。

（3）工业文化保护问题

从 1919 年建厂至今，首钢经历了百年的历史发展进程，在全国和首都钢铁产业发展史上处于举足轻重的位置，留下大量代表钢业发展功勋的工业遗存。首钢建成了我国第一座氧气顶吹转炉，诞生了我国第一座现代化高炉，率先在全国开展了承包试点改革。高炉、焦炉、筒仓等工业构筑物，二炼钢、三炼钢等大型工业厂房都承载着北京这座城市近百年的"工业记忆"，也因此成为中国近现代工业发展的缩影。将这些工业记忆传承下去，成为首钢老工业区转型发展对城市的一份责任。

1.4 首钢自身转型的诉求与压力

1.4.1 企业转型诉求

首钢是一个有着悠久历史的大型国有企业集团，起源于 1919 年官商合办龙烟铁矿股份有限公司筹建的石景山炼厂。首钢是中国十大钢铁公司之一，1989 年被国家批准为国家一级企业，1996 年经北京市人民政府和冶金部研究，批准组建首钢集团。"首钢集团以首钢总公司为母公司，下属北京首钢股份有限公司、北京首钢新钢有限责任公司、北京首钢高新技术有限公司、北京首钢机电有限公司、中国首钢国际贸易工程公司、北京首钢房地产开发有限公司等 12 个子公司，在香港有 4 家上市公司，在南美洲有首钢秘鲁铁矿等海外企业"，从事钢铁冶炼、采矿、机械、电子、建筑、房地产、服务业、海外贸易等多种行业。首钢主厂区压产以前，2003 年末资产总额为 477 亿元，其中钢铁业资产为 371 亿元，非钢产业资产为 106 亿元，工业增加值为 68.5 亿元，上缴税收为 24.5 亿元。

1982 年北京市决定将北京第一轧钢厂并入首钢，1983 年 1 月 1 日原市属北京特殊钢铁厂、北京钢厂等 21 家黑色冶金企、事业单位并入首钢。1994 年首钢钢产量达到 824 万 t，列当年全国第一位。

首钢集团的企业战略性结构随着国内外经济形势和技术发展与时俱进地调整，1991 年首钢就提出"首冈未来不姓钢"的口号，与日本NEC公司合资建厂生产芯片；2001年首钢提出"面向新世纪，建设新首钢"

为奋斗目标，确定新首钢的内涵是：一个以高新技术产业为主体、科技不断进步、技术不断创新的首钢，

有自主产权、主业突出、核心能力强的首钢，实施可持续发展战略、实现清洁化生产，具有现代化管

和跨国经营能力的首钢①。2005年，国务院批准了"首钢实施搬迁、结构调整和环境整治"方案后，

钢在"建设新首钢"奋斗目标下，制定了三步走的战略：第一步到2007年底，做好北京地区结构调整、

深化改革、技术研发、人才建设等各项工作，尤其是在非钢产业中培育具有优势产品和业务的骨干企业。

第二步到2010年底，首钢集团在钢铁业和综合实力方面成为国内一流水平的大型企业集团。第三步从

2010年到2020年底，着重提高自主创新能力、资源整合能力，打造核心竞争力。到首钢建厂100周

年的时候，把首钢建设成为国际型的大型企业集团，进入世界500强②。

1.4.2 转型的内在压力

首钢主厂区搬迁改造对于首钢集团发展来说至关重要，决定和影响了集团整体战略的谋划，转型过

程中比较突出的压力是职工安置问题和资金问题。

（1）职工安置问题

职工安置是首钢转型中不可回避的问题。2001年在一篇关于时任首钢集团党委书记、董事长罗冰

生的媒体采访文章中就提到过："压缩生产规模，实行产品结构调整是实现首钢战略性转变过程中的一

枚关键棋子。拥有首钢功勋厂之称的初轧厂全厂停产，罗冰生推掉了所有事务来到现场，看见数百名职

工聚集在车间里不忍离去、抚摸着满是油污的机器痛哭失声，罗冰生也忍不住热泪满襟。"

首钢主厂区停产搬迁面临大量职工安置问题。在确定压产停产之初，首钢北京地区在册职工8.3万人，

在岗职工6.67万人，不在岗职工1.63万人；随着主厂区逐步压产直至停产，从2005年至2010年共需

分流安置人员6.47万人。

职工安置的难点体现在三个方面：其一，时间短，人数多。从压产到全面停产仅有5年时间，要安

置约6.5万名职工是一个巨大的挑战。其二，职工年龄结构偏大，技术单一，转岗和再就业存在一定难度。

其三，在新产业尚未培育注入以前，首钢在北京地区企业内部就业岗位较少，只能依靠外地安置，给北

京本地安家的职工造成了生活上的不便。

2004年底首钢北京地区在册职工8.3万人，在岗职工6.67万名当中，大专及以上文化程度1.52万人，

占23%；中专技校等3.36万人，占50.4%；初中及以下1.78万人，占26.6%。具有高级职称人员1141人，

占1.7%；中级职称人员4110人，占6.2%。高级技工6105人，占9.2%；中级技工14441人，占21.7%。

① 罗冰生，朱继民. 面向新世纪建设新首钢 [J]. 冶金经济与管理，2000（7）：61-64.
② 朱继民. 以科学发展观为指导建设21世纪新首钢 [J]. 冶金经济与管理，2006，4（4）：6.

（2）资金问题

按照首钢停产搬迁和结构调整的整体部署，首钢面临着边压产、边调整、边建设的局面，资金需求巨大，调度非常困难。曹妃甸钢铁厂项目投资以及主厂区工作人员安置都需要大量的资金，同时由于钢铁行业特点，首钢主厂区的冶炼部分停产后绝大部分设备设施不能重复使用，此外受到首钢搬迁影响的首钢股份是上市公司，如果资金平衡不好，企业现金流中断，将严重影响搬迁和新项目建设的顺利进行。因此首钢分阶段压产和停产搬迁与结构调整必须保持资金链的延续，确保国家和广大人民的利益，确保转型中的社会稳定。

首钢工业化发展阶段历程：

中华人民共和国成立前（1919—1948 年）

北京的钢铁工业起源于首钢的前身——1919 年建成的官商合办龙烟铁矿股份有限公司筹建的石景山炼厂，抗日战争爆发后，沦入日本帝国主义之手，改名为石景山制铁所，但直至 1938 年 11 月才炼出第一炉铁水。1945 年日本投降后，国民党政府将保田铸管厂与石景山制铁所合并，改名为石景山钢铁厂。1948 年 12 月 17 日被人民政府接收为全民企业。1938 年至中华人民共和国成立前，生产生铁 3.6 万 t，有职工 3400 人左右，产值 626 万元。

中华人民共和国成立初期（1949—1957 年）

中华人民共和国成立初期，北京市遵照中央指示，努力恢复与发展生产，贯彻执行"把北京由消费城市变成生产城市"的方针，首先依靠工人群众接管了石景山炼铁厂等多家官僚资本企业，建立了第一批全民所有制国营工业企业，从此北京的工业建设翻开了新的一页。

1953 年，市委成立规划小组，提出了《改建与扩建北京市规划草案的要点》，规划草案规定，首都建设的总方针是"为生产服务，为中央服务，归根到底是为劳动人民服务"。在已有工业用地基础上布置了 6 个工业区。其中石景山衙门口工业区就是在石景山钢铁厂基础上，向南向东发展为冶金及重型工业区。这个地区地处永定河冲积扇，地势平坦，地质坚固，地下水位在 10m 左右，并有丰沙线及京汉线运输原料及燃料。规划拟开运河，可水陆联运，规划工业区用地面积 25.5km²。

规划草案上报后，国家计委提出了一些不同意见，不赞成北京市提出的建设"强大的工业基地"的设想。为此中共北京市委对规划草案进行了局部修改，并在 1954 年提出《北京市第一期城市建设计划要点》上报中央，对国家计委的意见作了说明。市委认为"首都是我国的政治中心、文化中心、科学艺术中心，同时还应当是也必须是一个大工业城市，如果在北京不建设大工业，而只建设中央机关和高等学校，则我们的首都只能是一个消费水平极高的消费城市，缺乏雄厚的现代化产业工人的群众基础，显然这和首都的地位是不相称的"。并再次明确提出，"我们在进行首都的规划时，首先就是从把北京建设成为一个大工业城市的前提出发的"。故在 1954 年规划方案中，工业区规划用地又增加了 8.3km²，主要增加在石景山衙门口地区。

1957 年，在苏联专家的指导下编制完成的《北京城市建设总体规划初步方案》与 1953 年、1954 年方案基本一致，提出市区工业规划总用地为 51.7km²，主要是压缩了酒仙桥工业区、石景山工业区的用地，适当调整了其他几个工业区。

"大跃进"和"三年困难"时期（1958—1966 年）

1958 年，在"以钢为纲"的方针指导下，率先对石景山钢铁公司（1958 年，原石景山钢铁厂改名为石景山钢铁公司，简称石钢），进行了大规模扩建。新上项目有三号高炉、三号焦炉和烧结厂，在石钢东侧又新建了北京特殊钢厂，在广外新都暖气材料厂的旧址兴建了北京钢厂。同年还新建了宣武钢厂，在石钢南侧新建了耐火材料厂。至此，北京成为一个集炼钢、炼铁、开坯、轧钢于一体的钢铁基地之一，结束了石钢有铁无钢的历史。

1959 年，市区虽没有再大量安排新项目，但是工业扩建项目一直延续不断。石钢继续建设电焊钢管厂和小型钢材厂，还新建了氧气吹炼的大转炉和大型轨梁厂。同时，北京钢厂和北京特殊钢厂也兴建了转炉车间，职工已发展到 5.3 万多人。

1960 年，我国国民经济遇到严重困难，城市建设面临低潮。1961 年，北京市政府要求市规划局对中华人民共和国成立以来的城市建设中的问题进行总结。在完成的《北京城市建设总结草稿》中重点调查研究、总结了近郊区的工业建设问题，其中关于石景山钢铁厂的问题指出：石钢厂的排渣和高井发电厂的排灰与永定河排洪的矛盾；石钢厂工业含酚废水年排放量 18.2 万 t，对城市上游水源的污染日益扩大；同时，石钢厂还在不停地扩建，用地不断增加，直接影响京原公路与京原铁路的关系。

“文化大革命”时期（1966—1976 年）

“文化大革命”时期，北京的城市总体规划暂停执行，北京的工业建设处于无序发展状态。1966 年至 1970 年，首钢 850 开坯机上马。1967 年，首钢初轧厂建成，首钢已成为采矿、冶炼和开坯比较配套的联合企业。

1973 年，城市规划部门根据中央城市建设和城市规划管理工作会议精神，重新修订了总体规划方案，并草拟了《北京市城市建设总体规划几个问题的请示报告》，上报北京市委。报告针对当前工业建设存在的问题，提出了几点原则意见：新建工厂安排到远郊区，市区范围内不能安排占地大、用水多和有“三废”危害的工业企业。市区已有的工厂，生产规模扩大主要靠挖潜和技术改造。在市区的工业企业一般不增加职工和用地；把已产生“三废”危害的工厂，且难以治理的工厂和易燃易爆、有严重噪声或在生产过程中产生震动大而又无隔声设备的工厂，有计划地调整改造、转产或外迁。

改革开放至 20 世纪末（1978—1999 年）

1982 年，北京市向中央上报了《北京城市建设总体规划方案》。这次总体规划在城市性质上突出了北京是“政治中心和文化中心”，不再提“经济中心”和“现代化工业基地”，并强调“工业建设规模，要严加控制”“北京不再发展重工业”。

1983 年 7 月，中共中央、国务院在对《北京城市建设总体规划方案》的批复中明确指出，北京城乡经济的繁荣和发展，要服从和服务于北京作为全国的政治中心和文化中心的要求。工业规模要严加控制，工业发展主要依靠技术改造。今后不再发展重工业，应着重发展高精尖的、技术密集型工业，迅速发展食品、电子、轻工等适合首都特点的工业。

为落实城市建设总体规划方案和中央的批复，北京的工业进行了全方位调整，不再走盲目追求工业产值和大规模高速度建设的老路，着重提高经济效益。经过长期多方面的努力，北京的工业结构和布局得到进一步完善。但是，工业建设中仍存在一些问题，如北京市区工业部门占地多、耗水多、耗能高、“三废”排放量大的行业仍占有较高比例。全市总耗能及万元产值耗能最高的是首钢和化工总公司、建材总公司所辖的企业。

1992年《北京城市总体规划》在基本目标中提出，北京要"建立以高新技术为先导，第三产业发达，经济结构合理的高效益、高素质的适合首都特点的经济"。

1993年10月，国务院对《北京城市总体规划》作了正式批复，同时对北京经济建设的有关问题作了指示，要求"突出首都特点，发挥首都优势，积极调整产业结构和用地布局，促进高新技术和第三产业的发展，努力实现经济效益、社会效益和环境效益的统一"。重申"北京不要再发展重工业，特别是不能再发展那些耗能多、用水多、占地多、运输量大、污染扰民的工业""市区现有此类企业不得就地扩建，要加速环境整治和用地调整""市区建设要从外延扩展向调整改造转移"。

改革开放以后，首钢的钢铁业得到了进一步发展，在这一时期随着1982年《北京城市建设总体规划方案》制定的新的发展目标，首钢大规模采用自动化、节能和环保等新技术，扩大炼钢和型材的生产能力，1994年钢产量达到824万t，列当年全国第一位。1992年经国家工商行政管理局特批，原首都钢铁公司更名为首钢总公司。之后，首钢逐步发展成为以钢铁生产为主，包括电子机电业、建筑业、服务业、矿产资源业等非钢产业的集团化公司。1996年，经北京市人民政府、冶金部研究，正式批准组建首钢集团。

第2章　转型历程和规划引导

从 2005 年国务院批准首钢停产搬迁方案之后，首钢老工业区的转型发展就成为北京市委市政府和首钢集团长期关注的问题。按照北京市委市政府的部署，北京市规划管理部门和北京市城市规划设计研究院牵头对首钢老工业区开展持续的跟踪服务，从 2005 年开始，十年磨一剑，针对首钢老工业区陆续开展数十项规划和相关研究，不断破解转型发展的难题，最终推动十年后的首钢北区先行启动更新，十年的规划和研究工作变为建设实践。伴随着转型发展历程，首钢老工业区的规划实践可以分为三个阶段（图 2-1）。

2.1 明确转型方向阶段（2005—2010 年）

2.1.1 阶段特征

2005 年 2 月 18 日，国务院批复了国家发展改革委关于《首钢实施搬迁、结构调整和环境治理方案》，

图 2-1　首钢老工业区分阶段规划实践内容

图 2-2　2010 年 12 月首钢老工业区最后一炉钢冶炼
图片来源：工人日报

明确提出"按照循环经济的理念，结合首钢搬迁和唐山地区钢铁工业调整，在曹妃甸建设一个具有国际
先进水平的钢铁联合企业"。

　　2007 年 12 月 31 日，首钢开始全面实施压产方案，首先停产了四号高炉，一号、三号烧结机和第
三炼钢厂两座转炉及相关轧钢车间。2008 年 1 月 5 日，首钢举行了北京地区涉钢产业压产 400 万 t 发布会。
从 2008 年开始，最后 400 万 t 的压产和搬迁工作启动。2010 年 12 月 16 日 10 时至 12 月 21 日 18 时，
经过 128 小时，首钢主厂区内炼铁厂、焦化厂、第二炼钢厂等 10 个单位安全完成了停产工作，标志着
首钢正式停产。12 月 18 日，三号高炉产生了最后一炉铁水；19 日，最后一炉 200t 钢从二炼钢 1 号转
炉炼出（图 2-2）。

　　2011 年 1 月 13 日，首钢举行停产仪式，正式宣布北京市石景山区首钢主厂区全面停产，从此这座
有着 90 多年历史的钢城光荣退役，迈进了转型发展的新历程。时任北京市委书记刘淇出席仪式，并向
首钢颁发"功勋首钢"纪念牌。

2.1.2 核心问题和规划引导

　　处于强化首都功能、建设国际一流城市的发展背景，以及面对首钢实施停产搬迁的现实，这一阶段
首钢老工业区转型急需提前谋划的核心问题是：未来向什么方向转型？首都发展的大背景决定了首钢转

型不能依靠单纯的房地产开发与改造模式，面对首钢停产后的地区经济下滑、污染环境治理、工业资源再利用、职工安置与社会稳定等方方面面的问题，首钢必须走出一条经济、社会、文化、生态综合转型之路。

区域发展方面，如何通过首钢的搬迁改造解决区域发展不均衡？首钢为三区交界，周边为石景山区、门头沟区和丰台区。"石景山区是围绕首钢生产发展形成的行政区，功能布局呈现以重工业生产为核心、居住配套为辅的特征，钢铁产业曾经是地区经济发展的支柱，首钢职工及家属曾经是地区居民的主要组成。门头沟区地处长安街延长线的西端，西倚西山、东隔永定河与首钢相望，区位条件优越。在首钢主厂区停产前甚至停产后的几年时间，由于长安街无法穿越首钢实施向西的连通，切断了门头沟与市区的便捷联系，虽然 1992 年《北京城市总体规划》就明确了其作为卫星城的地位，但是由于当时的门头沟区无法与规划市区建立有机的发展关系，地区社会经济发展仍然处于较低水平，紧邻首钢的卫星城中心——永定镇地区在当时仍处于待开发状态。丰台区西部的卢沟桥和长辛店地区，在首钢主厂区生产期间除了分布有为首钢主厂区生产配套的重型机械、建材和生产防护用品等企业、货运交通用地外，还有大量生产废料的堆放场地，呈现出明显的工业区边缘空间形态。同时，在石景山区、丰台区规划中还为首钢发展预留了大片生产用地。另外，首钢的影响还表现在更广阔的区域范围，西部的铁路网交织着首钢的货运专用线，城市山区分布有原首钢的矿场。初步估算，首钢主厂区停产直接影响到的城市用地调整规模达 12km²"[①]。

环境治理方面，"虽然首钢每年投入大量成本用于减少冶炼生产对城市环境的影响，通过园林化建设形成了以石景山、野鸭湖、林荫路网为特色的厂区绿化景观，停止了对浅山区矿石的开采，通过资源再利用减少了厂区外部灰渣的堆放，使区域生态环境的破坏得到有效的控制。但是，钢铁冶炼生产对局部大气环境的影响仍然存在，北京市环保监测中心统计显示，2004 年北京市空气质量二级和好于二级的天数达到了 62.5%，而首钢所在的石景山区全年二级和好于二级的天数仅占 50.4%，在全市排在倒数之列。而且以重化工业为主导、整体产业结构相对落后的城市西部地区，环境保护与治理问题是区域性的。永定河是北京市的第一大河流，是城市西部山水空间的核心要素，河床及两岸由于挖沙和炉渣堆放，其水环境、土壤与植被受到严重破坏。在城市西部山区，因矿石开采留下成片的破碎山体和灰石场地，尤其在风沙季节，当人们踞山面水来看城市西部的山水空间，环境破坏的程度和修复难度令人难以想象。长期重工业生产还给局部土壤环境、地下水环境留下印记，这也是未来改造必须面对的问题"[②]。

工业文化方面，北京城市总体规划明确加强四个中心功能建设，首钢近百年的工业生产发展和人文积淀也是首都文化中心建设的重要组成。"巨大的炼钢厂房、结构特色鲜明的各类工业建筑物、高耸的烟囱、标志性的高炉、纵横交错的彩色架空管廊、货运铁路与小火车、不同时期留下的办公文化建筑，以及月季园、晾水池、石景山等园林景观丰富了首钢主厂区的面貌，站在石景山山顶俯视 7km² 的厂区，人们感叹钢铁巨人的辉煌气势；深入其中，复杂的生产工艺流程和井然有序的操作调度、粗放的工业建

---

① 鞠鹏艳. 大型传统重工业区改造与北京城市发展：以首钢工业区搬迁改造为例 [J]. 北京规划建设，2006（5）.
② 同上.

筑群体之间宜人的园林绿化环境、具有较强集体意识的高素质工作人群，使人们被这里的工业文化氛围深深打动。难以想象当一切停止了运转和流动，眼前红炉旺火、铁水四溅的景象凝滞的那一刻，7km²的土地上会留下多少留恋、叹息、落寞"①。不仅如此，首钢还是一代人的文化心理地标，要通过首钢搬迁解决好文化保护和社会情感的问题。由于首钢与当地社会经济职能紧密联系在一起，首钢是石景山区众多居民的精神家园，对钢铁工业文化的尊重与情感深深扎根于当地住民的精神层面，形成独特的社会结构和文化认知。

经济社会结构重塑方面，搬迁改造前首钢对城市经济和石景山区当地就业发挥着巨大的支撑作用。"2003 年石景山区 GDP 的 56% 以及第二产业增加值的 72% 来源于首钢。石景山区从业人员的 40% 是首钢从业人员，加上家属一起构成了石景山区居民的主体。首钢就像一个小型的工业城市，厂东门内取名为"众志成城"的巨幅壁画、石景山顶的功碑阁、高炉、五一剧场、三炼钢厂房、大烟囱、铁路等，都在提示着昔日首钢人的成就感和凝聚力。因此，首钢搬迁引发的职工分流、再就业、社会保障等一系列问题对原有的社会结构和保障系统是巨大的冲击。"②。必须探索用新的产业功能来填补首钢搬迁改造对城市经济和就业造成的空洞。

因此，围绕停产之后的核心问题，北京市城市规划设计研究院根据北京市政府的部署，提前谋划未来产业转型和改造方向，推动工业资源保护利用，评估环境污染状况，加强区域环境治理和转型后西部地区协同发展（图 2-3）。

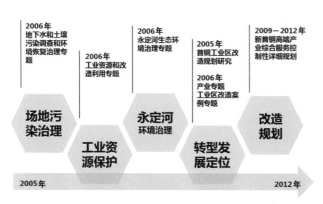

图 2-3 明确转型方向阶段的规划工作

（1）编制首钢工业区改造规划

首钢搬迁是经国务院批准的一项重大工程，对于首钢搬迁后原址利用问题，2005 年 2 月 25 日北京市第 74 次市长办公会议要求"由市规划委负责，根据《北京城市总体规划（2004—2020 年）》抓紧编制石景山区控制性详细规划，特别是首钢厂区 7.07km² 土地利用规划"。按此精神，北京市城市规划设计研究院于 2005 年底之前编制了《首钢工业区改造规划初步研究》。该项研究梳理了首钢地区现状空间资源和社会经济情况，全面考虑地区经济结构调整、替代产业发展、劳动力就业安排、区域发展战略以及生态环境恢复、城市景观重塑等各方面因素，研究搬迁后首钢主厂区土地利用的方向性问题，初步提出意向性方案和改造原则性要求。

2006 年 1 月 10 日，北京市政府专题会对《首钢工业区改造规划初步研究》进行了讨论，专题会要求：

① 鞠鹏艳.大型传统重工业区改造与北京城市发展：以首钢工业区搬迁改造为例 [J].北京规划建设，2006（5）.
② 同上.

编制首钢工业区规划要明确限制有关新上项目，科学规划发展方向，适度保护和利用首钢工业设施资源，处理好与周边地区社会经济未来发展的关系；要从石景山地区发展实际出发，以实现区域功能定位为目标，统筹各方面因素，有利于首钢职工就业安置，有利于社会和谐稳定。会议要求北京市规划委会同市发改委、国土局、水务局、商务局、环保局、工促局、石景山区政府、首钢总公司等单位共同研究细化首钢工业区改造规划，于 2006 年底之前提交市政府。

落实市政府要求，北京市城市规划设计研究院编制了《首钢工业区改造规划》，规划包括发展条件和功能定位分析、空间系统规划、支撑系统规划和规划实施研究四个部分。发展条件和功能定位方面，分析了首钢老工业区改造的七个方面主要问题，提出了功能定位、产业导向目录和发展步骤；在空间系统规划中，首次提出首钢地区改造应推动城市西部协作发展区全面改造转型，首钢及其协作发展区是城市西部重要节点和有潜力升级改造的地区，将发挥缓解中心城功能集聚状态和完善城市未来职能的作用，规划划定了首钢老工业区协作发展区范围；规划进一步补充了工业资源调查、国内外老工业区改造案例、产业发展定位深化、土地利用可行性方案、地区污染情况调查和永定河地区生态环境综合治理等内容。2007 年，《首钢工业区改造规划》获北京市政府批复，成为指导首钢地区规划持续深化细化的纲领性文件（图 2-4）。

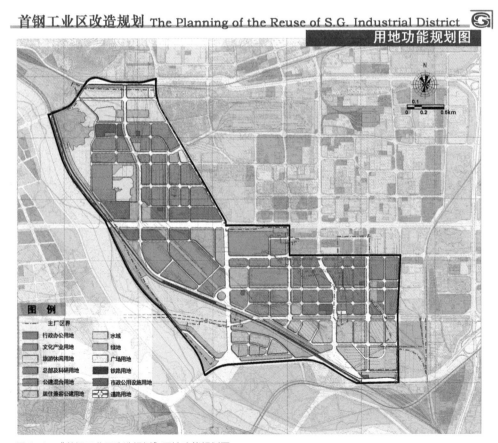

图 2-4　《首钢工业区改造规划》用地功能规划图

改造规划也创建了"搭建平台，多方参与"的工作方式，规划编制与重点问题专题研究同步开展，同期进行的专题研究包括：《国内外老工业区改造案例研究》（北京大学景观设计研究院）、《首钢工业区现状资源调查及其保护利用的深化研究》（清华大学建筑学院）、《首钢工业区产业发展导向的深化研究》（国务院发展研究中心产业经济研究部）、《首钢地区土壤及地下水污染调查和生态环境恢复治理方案》（中冶集团建研院环保研究设计院）、《永定河流域生态环境治理、水体景观恢复和水资源配置研究》（北京市水利规划设计研究院）。

（2）开展工业资源保护利用研究

围绕首钢工业资源保护利用问题，北京市城市规划管理部门和首钢集团组织编制《首钢工业区工业遗产资源保护与再利用研究报告》（课题由清华大学建筑学院和首钢设计院承担），提出了首钢工业遗产保护区范围和保护要求，制定了强制保留建筑、建议保留建筑和可以保留建筑的名录。

《首钢工业区工业遗产资源保护与再利用研究报告》从资源梳理、价值评估、历史演进、景观资源梳理、工业工艺角度分别开展专题调研，包括：从工业资源价值评估角度开展《首钢工业区工业遗产价值评价研究》，分析工业遗产的定义、构成、类型、特征和价值，提出工业遗产的评估体系；从资源梳理角度开展《首钢工业区现状资源调查研究》，对各区域空间形态特征、主要生产设施、生产性建筑物和构筑物、公辅设施、名木古树和文物古迹等进行梳理；从历史演进角度开展《首钢工业区历史研究》，按照官商合营龙烟铁矿公司（1919—1937年）、石景山铸铁所（1937—1945年）、国民党政府时期的石景山炼铁厂（1945—1949年）、石景山钢铁厂（1949—1958年）四个阶段，对主要历史事件、厂区发展和阶段性代表遗存进行梳理；从环境景观资源保护角度开展《首钢工业区现状环境资源特色与景观再利用研究》，对厂区内现状环境景观资源、文化资源进行调查；从工业工艺角度编制《首钢生产工艺与设施设备现状研究》，分厂区对工业建筑、生产流程和建设过程进行了梳理（图2-5）。

（3）开展环境调查评估

2006年，首钢集团组织开展《首钢地区土壤及地下水污染调查和生态环境恢复治理方案》研究（北京市水利规划设计研究院承担编制），以水、土壤为重点进行环境评估，重点开展六个方面的研究，包括：

①对首钢建厂以来土地利用、生产、排污以及污染治理情况进行回顾性调查，确定建厂以来各阶段的主要环境污染源。

②对首钢厂区的土壤、地下水，以及首钢周围区域的地下水环境质量进行监测，确定调查区域内的土壤和地下水环境质量水平。

③通过对调查和监测结果的分析，确定首钢生产对土壤和地下水的主要污染源、重点污染因子和受到污染影响的区域。

④进行首钢厂区和地下水环境污染情况的风险评价。

⑤根据区域总体发展规划和可能的土地利用类型，对土壤和地下水的生态恢复提出对策。

⑥综合判断环境质量现状以及生态恢复后能够达到的环境功能要求，为首钢搬迁后的土地利用规划

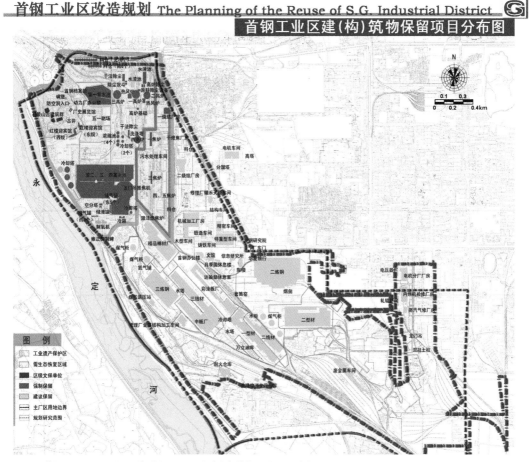

图 2-5 《首钢工业区改造规划》首钢工业区建（构）筑物保留项目分布图

提供环境质量水平依据。

　　这次环境评估结论成为研究首钢工业区转型的前提条件之一，研究提出的结合用地功能、环境风险类型采用植物－微生物联合修复法、土壤置换修复等方式，也被运用到规划深化工作中。

（4）开展区域协同发展研究

　　《首钢工业区改造规划》（北京市城市规划设计研究院编制）除了关注首钢在石景山区的主厂区用地改造与转型问题，还从市域和京西区域层面梳理研究了首钢集团在京其他工业厂区规划情况，以及受到首钢主厂区停产改造影响的石景山区、门头沟区和丰台区三区交界地区的规划情况。

　　规划对于首钢主厂区以外的地区，结合改造时序和区位状况重点研究与主厂区产业转型同步更新、统筹人员安排、生态环境共同治理、区域基础设施统筹规划建设等问题。规划划定"主厂区功能转移升级改造区"和"可先于主厂区改造的启动区"两类区域，从协调转型发展方向与更新改造步骤方面进行引导。

图 2-6 《首钢工业区改造规划》协作发展区空间形态示意图

对于首钢主厂区周边用地，从生态环境治理、产业整体更新发展角度实现协同。规划划定包括石景山区、门头沟区、丰台区以及首钢主厂区的三区一厂协作发展区共 22.3km² 的用地范围，根据区位条件和改造方向，将协作发展区细分为七个组团，包括：首钢主厂区、北京锅炉厂、燕山水泥厂地区，特钢、煤泥坑、北辛安地区，首钢铸造厂及周边地区，首钢机电公司重型机器分公司及周边地区，耐火材料厂及钢渣厂地区，丰台河西地区长辛店北区，门头沟滨河新区。规划提出了协作发展组团的引导功能、建设时序和建设重点（图 2-6）。

（5）谋划产业转型方向

立足北京城市整体发展，综合考虑钢铁工业资源的特殊价值、首钢企业转型和职工安置问题，这一阶段的规划将产业转型方向作为最重要的研究内容。

开展专题《国内外老工业区改造案例研究》（北京大学景观设计研究院编制）对英国、美国、德国和中国的十余个老工业基地改造案例进行分析研究，总结了博物馆模式、主题公园模式、文化艺术和旅游产业模式、综合利用模式，以及各模式在经济增长动力、人员安置、资金筹措、工业遗产保护利用方面的特点。

最终《首钢工业区改造规划》提出"首钢及其协作发展区应作为北京城市西部的综合服务中心；作为中国钢铁工业改造转型的典范，应走出一条特色工业资源与现代科技文化相结合的发展之路，成为后工业文化创意产业区"的功能定位。在产业发展方面引导形成创意产业密集区、新技术研发与总部经济区、现代服务业密集区和水岸经济区。

《北京城市总体规划（2004—2020 年）》对首钢工业区的定位要求：结合首钢搬迁改造和石景山城市综合服务中心、文化娱乐中心和重要旅游地区的功能定位，在长安街轴线西部建设综合文化娱乐区以完善长安街轴线的文化职能，提升城市职能中心品质和辐射带动作用，大力发展以金融、信息、咨询、休闲娱乐、高端商业为主的现代服务业。

《北京市国民经济和社会发展第十一个五年规划纲要》（2005 年 11 月）提出统筹规划首钢产业调整用地，积极发展高新技术产业和文化娱乐业，推进西部综合服务中心建设，推动区域在调整中实现新的发展。

2.2 落实转型要求阶段（2011—2015 年）

2.2.1 阶段特征

2011 年到 2015 年，以首钢主厂区全面停产为标志，首钢老工业区的转型发展进入第二阶段，首钢集团企业发展方向逐渐清晰，首都城市规划建设要求全面提升。

2014 年习近平总书记视察北京和 2015 年中央城市工作会议的召开，进一步明确了新时代城市规划建设的思路和要求，很多新理念和新要求成为本阶段规划建设工作的主线，如："保护弘扬中华民族传统文化，延续城市历史文脉，保护好前人留下的文化遗产""要加强对城市空间立体性、平面协调性、风貌整体性、文脉延续性等方面的规划""要按照绿色循环低碳环保的理念进行规划建设""加强城市管理数字化平台建设和功能整合，建设综合性城市管理数据库，发展民生服务智慧应用"等。

与此同时，首钢总公司不仅顺利完成了主厂区停产搬迁和人员安置问题，谋划中的企业转型构架也基本建立起来。面对全球知识经济的大潮和国家短缺经济的结束，首钢从传统钢铁工业向非钢铁产业拓展。首钢总公司在 2013 年《冶金管理》中的一篇文章提到："非钢产业要在做城市综合服务商上创新思路，响应市委市政府号召，顺应首都城市快速发展，大力投入城市服务产业，并做到在其他城市可复制、可推广。北京园区开发要立足做首都最有活力的区域之一、首都创新驱动发展的承载平台，成为解决首都人口资源环境突出矛盾的示范区，成为首都深度调整产业结构转型升级的新增长极。"围绕这一战略，首钢完成了组织机构方面的调整（图 2-7）。

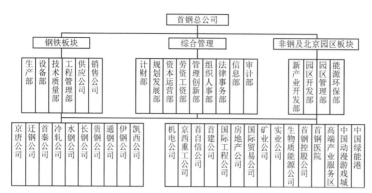

图 2-7 主厂区停产后首钢总公司组织机构调整示意图

2.2.2 核心问题和规划引导

党中央对首都发展提出了更高要求，首钢向城市综合服务商转型的企业战略逐步清晰，首钢老工业区转型对这两个方面都必须有所呼应，首钢作为首都城市东西轴线长安街西延线西端的城市重点功能区，如何落实党中央对于首都发展的要求，如何通过工业区转型实现首钢在京企业职能向城市综合服务商的转变？

第一阶段批复的《首钢工业区改造规划》需要进一步深化完成三项任务：其一，用地布局深化；其二，细化功能定位，统筹实施步骤，合理控制与引导；其三，落实新理念，促进地区可持续发展。这一阶段不仅需要构建一个适应各种创新理念和转型要求的空间规划，更重要的是要有能够指导首钢转型的具体方案。例如，生态方面如何将总书记提出的"绿色低碳循环生态"的理念与首钢老工业区转型发展相结合，生态与企业转型发展的关系是什么。同样，特色风貌保护、智慧城市建设、以人为本、一体化空间利用等理念都存在如何与首钢转型发展相结合的问题。

为此，这一阶段的规划工作围绕深化空间框架、促进生态发展、塑造特色风貌、提升智慧水平、加强基础设施精细化和人本化、加强地上地下空间一体化利用等方面开展，在控规研究的同时，编制了绿色生态、城市设计导则、建筑风貌、地下空间、市政、交通等十余项专项规划。

同时，北京市规划管理部门立足持续服务保障首钢转型发展，在这一阶段开始着手构建首钢规划设计与管理的统筹工作平台。

（1）深化控规研究

2010 年 3 月，北京市政府推进首钢工业区工作专题会明确要求：要用世界一流的规划理念深化首钢规划；要加快推进基础设施等前期工作；要结合全面停产和长安街西延，综合考虑在首钢厂区确定具有标志性意义的区域作为启动区。2010 年 4 月，时任北京市长郭金龙到首钢现场调研，提出将首钢工业区建成"加快转变经济发展方式的示范区、首都生态文明建设重点区"的要求。在 2007 版市政府批复的《首钢工业区改造规划》基础上，北京市规划委组织北京市城市规划设计研究院开展了控规层面的

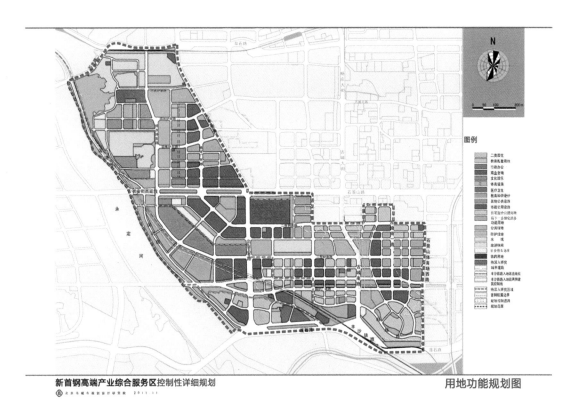

图 2-8　《新首钢高端产业综合服务区控制性详细规划》用地功能规划图

规划深化工作。

　　2012 年 2 月，北京市城市规划设计研究院编制的《新首钢高端产业综合服务区控制性详细规划》获北京市政府批复（图 2-8）。规划落实了新首钢高端产业综合服务区的功能定位，提出建设"世界瞩目的工业场地复兴发展区域、可持续发展的城市综合功能区、再现活力的人才聚集高地、后工业文化创意基地及和谐生态示范区"的发展目标。空间规划以"精明城市""TOD 发展"和"24 小时城市"为理念，将新首钢高端产业综合服务区的功能布局规划为"五区两带"。"五区"包括工业主题园、文化创意产业园、综合服务中心区、总部经济区和综合配套区，"两带"是规划确定的重要城市开放空间体系，是位于永定河沿线的滨河综合休闲带及贯穿场地内部的城市公共活动休闲带。控规还研究了文物保护、生态环境治理、开放空间设计、公共服务设施、地下空间利用、市政交通系统等规划内容及管控要求。

（2）促进绿色生态发展

　　2013 年，北京市城市规划设计研究院联合奥雅纳工程咨询（上海）有限公司开展《新首钢高端产业综合服务区绿色生态专项规划》，确定了首钢绿色生态发展的总体目标——"以传统企业职能转型为核心、以模式创新为重点，创新传统工业区生态转型发展模式，创新生态城区建设管理模式，建设老工业基地生态转型发展的国际典范区"。首钢地区生态建设将带动区内和区外统筹发展，将生态贯穿建设运营管理全过程，集成经济环境社会全生态发展内容，引领中国生态城市建设向深层次迈进。

在总目标下提出九项生态规划策略，包括：共构绿色生态转型与首钢产业发展、工业场地活化与复合性改造利用、污染场地治理与生态景观重塑、特色体验的绿色交通、节能和绿色能源系统、节水和水资源综合利用、全过程废弃物综合利用、新建和改造并置的绿色建筑设计、生态改造实施的全过程引导。

此外，围绕环境风险治理问题，这一阶段编制了《新首钢高端产业综合服务区场地环境调查与风险评价报告》（2015年），对场地污染物主要类型、污染方式、潜在污染物种类及分布等总体污染特征有了深入的认识，明确了场地地质分层、地下水类型、埋深、流向等水文地质基本特征，根据场地污染物健康风险水平评估，建立了场地目标污染物的修复目标，并划分了场地修复边界，估算了修复规模。

（3）塑造风貌特色

2013年，北京市城市规划设计研究院编制了《新首钢高端产业综合服务区城市设计导则》，导则包括场地综合条件分析、工业资源保护思路研究、目标与空间设计理念、概念空间愿景、整体风貌指引、重点地区要素系统性引导、实施策略与建议八个部分，提出了"突出人文特色、展现绿色生态、落实人本空间、重塑地区形象、增强地区活力"的规划目标。这一阶段的城市设计导则充分考虑更新改造的不确定性和转型发展的高目标要求，提出了针对具体空间及现状各类场地要素的形象引导，突出空间形象引导的系统性，编制街区层面的城市设计导则，促进未来地块单元、单体建筑设计方案与整体风貌的融合。在此基础上，研究重点地区及先期拟启动区域的城市设计导则，形成具有"启发性"的空间概念模拟，强调城市设计的概念特征而非实体形象。

2015年，首钢总公司、中国工程院、北京市规划委员会、清华大学建筑学院、北京市建筑设计研究院有限公司编制《首钢园区城市风貌课题》，徐德龙、吴良镛、张锦秋、程泰宁、何镜堂等院士参与课题的咨询。课题包括首钢园区功能定位与风貌构想、风貌评价与指引、风貌实践与示范三个部分。通过公共空间、特色建筑和景观场所设计，彰显场地文化内涵，促进公众参与改造更新，培育老工业区转型的持续活力。

（4）提升智慧水平

2013年，首钢总公司编制《新首钢高端产业综合服务区智慧城市顶层设计研究》，构建智慧城市服务云平台、物联网、智能楼宇等智慧城市基础设施。研究提出了"世界智慧城市建设的示范区、智慧城市建设运营一体化的先行区"的目标，充分发挥首钢优势与特色，围绕构建便捷高效的信息感知和智能应用体系，重点推进城市建设管理、城市运行安全、智能交通、社会事业与公共服务、电子政务和信息资源开发利用，探索智慧城市建设运营一体化高效集成管理模式。发展开放集成、有效感知、便利协同、智能处理和学习创新的"首钢智慧生命体系"。建设数据中心、监控、能源、照明等智慧基础设施；建设公共基础数据库、城市规划建设管理运营平台、公共服务平台和智慧决策管控平台。

（5）加强设施精细化人本化

2013 年，北京市城市规划设计研究院编制《新首钢高端产业综合服务区市政专项规划》，专门梳理了转型过渡期的基础设施系统，引导首钢"厂区自给自足"的市政系统逐步向城市市政系统转变。2014 年，北京市城市规划设计研究院编制《新首钢高端产业综合服务区交通专项规划》和《新首钢高端产业综合服务区步行与自行车交通专项规划》，结合厂区现状空间肌理，在原道路基础上改造形成新首钢道路网系统，规划将"小街区、密路网""公交优先"等理念落实到交通系统的架构中，在常规道路网基础上提出区域小火车、慢行专用道等系统。

（6）加强空间一体化利用

为了充分发挥地下空间资源的社会、环境和经济价值，保护地下环境和地下资源，协调地下空间与整体城市系统的关系，2013 年，北京市城市规划设计研究院开展《新首钢高端产业综合服务区地下空间概念规划》的编制，提出"绿色生态的地下基底""可持续的开发""构建活力地下网络""以地下空间增加地面宜人空间""区域共享的地下空间""活化现状地下空间""建设综合市政管廊系统"等方面的开发概念，明确首钢地下空间规划目标、布局、竖向和建设标准。

针对首钢老工业区地下结建人防工程的问题，在北京市人防办的指导下，北京市城市规划设计研究院编制《新首钢高端产业综合服务区结建人防工程专项规划》，不仅首次探索了北京市重点功能区人防设施统一规划问题，还结合首钢老工业区地下空间资源紧张、分布不均的特点，提出"指标统筹核算、设施集中布局"的创新思路，对结建人防工程及相关配套工程进行整体系统安排。

（7）建立全方位规划支撑机制

2013 年开始，随着长安街西延线、西十筒仓等项目的开展，当时的北京市规划委员会与首钢总公司签署了《新首钢高端产业综合服务区规划服务和实施框架协议》，搭建首钢规划管理服务和实施工作平台，确定由北京市城市规划设计研究院作为技术支撑单位，从规划编制服务到具体实施全程提供全方位规划跟踪服务。

2013 到 2015 年期间，北京市城市规划设计研究院发挥技术平台作用，支撑首钢总公司开展工业资源自主更新改造利用设计与实施，共同统筹建筑设计、景观设计、道路设计等多专业，助力首钢推动筒仓料仓改造实施、脱硫车间改造设计、二型材改造设计、厂东门迁建选址等。

2.3 引导转型实施阶段（2016—2022 年）

2.3.1 阶段特征

2016 年 5 月 13 日，北京 2022 年冬奥组委首批工作人员正式入驻首钢园区的西十筒仓办公区。冬奥组委办公区落户首钢，极大地推动了首钢转型发展实施进程，这是十年间围绕转型发展的目标、理念、大量规划方案落地的起点，基础设施、工业资源利用和生态环境治理等工作提速，从此首钢老工业区转型进入实施的新阶段。

2016 年开始，围绕冬奥组委办公区的基础设施建设如火如荼地开展。晾水池东路、北辛安路等主次干道依据控规和专项规划完成定线和道路设计并开工建设，脱硫车间、红楼迎宾馆、空压机房等工业改造项目也正式启动。首钢老工业区范围内 2016 年实现投资约 52.79 亿元，联动周边新首钢地区完成基础设施等配套项目投资约 38 亿元 [①]。

2016 年 6 月，在第二届中美气候智慧型 / 低碳城市峰会上，C40 城市气候领导联盟公布首钢正式纳入 C40 全球正气候项目发展计划，成为中国第 1 个、全球第 19 个正气候项目。

2017 年 2 月 28 日，国家体育总局与首钢总公司在北京签署了《关于备战 2022 年冬季奥运会和建设国家体育产业示范区合作框架协议》，共同推动冬奥会备战和国家体育产业示范区建设。根据协议，双方将在重点建设冬奥核心区、国家体育产业示范区、体育总部基地、设立京冀协同发展体育产业基金和争取体育产业自贸区专项政策等五个方面加强合作。确定利用首钢总公司废旧厂房改建国家队训练场地，保障短道速滑、花样滑冰、冰壶、冰球等项目共 11 支国家队 45 个小项的训练需求。配套建设冬奥广场相关项目，完善冬奥核心区的综合配套服务功能。

2017 年 4 月，300m 长、60m 宽的精煤车间大厂房启动改造，将作为国家体育总局短道速滑、花样滑冰和冰壶训练场馆。9 月 13 日，国际奥委会确定 2022 年北京冬奥会的正式比赛项目——单板大跳台落户首钢园区。

2.3.2 核心问题和规划引导

冬奥给首钢老工业区带来了巨大的发展动力，首钢转型进入落地阶段的同时，老工业区转型发展面临着新问题，如何将转型发展理念落实在落地项目中，如何将各实施项目整合成为一个系统，形成首钢老工业区转型的持续推动力？全面系统地落实转型发展理念、引导转型实施，是新阶段发展的核心问题。

2016 年 4 月 26 日，新首钢高端产业综合服务区发展建设领导小组第三次会议召开，提出：首钢要抓住发展机遇，深入挖掘自身资源优势，以冬奥组委入驻首钢老工业区为契机，坚持基础设施和生态景观建设先行，坚持工业遗存存量利用优先等，推进首钢老工业区改造调整，加快新首钢老工业区的开发建设。

通过整合十余年的规划积累，北京市城市规划设计研究院牵头编制完成《新首钢高端产业综合服务区（北区）详细规划》（简称《北区详细规划》）和《新首钢高端产业综合服务区东南区规划研究》。2017 年 1 月 25 日，北京市政府专题会审议《北区详细规划》。2017 年 4 月 24 日，时任北京市长蔡奇主持新首钢高端产业综合服务区发展建设领导小组第四次会议，原则同意《北区详细规划》（图 2-9），充分肯定以新发展理念带动产业结构调整和城市功能再造、企业转型发展的新路子。

---

① 当主体做示范打造园区开发新亮点——首钢"十三五"精彩开局系列报道之四．

《北区详细规划》落实五大发展理念，针对老工业区改造问题提出"创新、修补、活力、生态"规划设计理念，技术上整合控规、各专项规划、分区深化设计和重点项目方案设计，形成首钢北区"多规合一"技术要求，面向规划与实施构建规建管数字化平台，以"一图则"和"四附则"的形式制定要素管控体系，形成规划建设管理"一张图"。规划始终围绕"系统地落实转型理念、引导转型实施"的核心问题，创新规划管控手段，探索详细规划层面的技术创新。

2020年，北京市城市规划设计研究院又牵头编制完成《新首钢高端产业综合服务区南区详细规划（街区层面）》，请示市政府同意后获市规自委批复（图2-10）。

图 2-9 《新首钢高端产业综合服务区（北区）详细规划》鸟瞰示意图

图 2-10 《新首钢高端产业综合服务区南区详细规划（街区层面）》新首钢地区整体鸟瞰示意图

（1）综合多规引导要求

《北区详细规划》对既有的绿色生态、地下空间、城市设计、城市风貌等专项规划进行"多规合一"。在功能方面，以功能布局、地下空间两个维度分别引导地面和地下功能；在形态方面，以现状保留场地要素、建筑形态和风貌、绿色开放空间三个维度引导建筑和公共空间的形态；在基础设施方面，以交通设施、市政设施、城市安全设施和绿色生态设施四个维度布局城市综合设施。

在这九个维度的框架下，将多规梳理得到的166个空间管控要素分别纳入，根据所属维度，分两个层次梳理管控要素之间的矛盾点：第一层次是同一维度内各类管控要素的矛盾点，第二个层次是不同维度管控集合之间的矛盾点。调整以"保障目标、有序调整"为原则，根据管控要素对应规划目标类型，通过协调安排调整中的"优先度"，保障管控要素所对应目标的实现。由于对应规划目标的不同，将管控要素分为三种类型：布局导向的管控要素对应的规划目标针对"坐标"提出，总量导向的管控要素针对"指标"提出，弹性要素是具有较大弹性的规划目标。原则上，两项管控要素发生矛盾时，调整的优先度依次为弹性要素、总量导向引导要素、布局导向引导要素。详细规划最终形成80项空间管控要素（表2-1）。

《新首钢高端产业综合服务区（北区）详细规划》空间管控要素表　　　　表2-1

类型	九个维度	管控要素	
功能类管控要素	功能布局	用地功能	
		规模	
		公共服务设施	
	地下空间	开发单元和功能单元	开发单元
			地下空间覆盖率
			功能单元
		地下公共服务空间	
		地下交通市政空间	地下停车库
			地下交通隧道
			地铁站点
			地下市政设施
			综合管廊
形态类管控要素	现状保留场地要素	区级文物保护单位	
		保留工业资源	
		建议保留再利用地下空间	
		建议保留现状道路	
		建议保留现状绿地	

类型	九个维度	管控要素	
形态类管控要素	建筑形态和风貌	开发强度	容积率
			建筑密度
		建筑形态	控高
			新建建筑高度协调引导
		建筑体量	特色视觉通廊
			建筑退线
			建筑退台
			新旧建筑一体化引导
		建筑色彩和材质	
		建筑特征分区	
	绿色开放空间	绿色空间	规划绿地
			立体绿化
		绿地设计引导	植林率
			区域公园
			线性绿地
			微型绿地
		线性公共空间	地面公共通道
			建筑内通道
			空中路径
			地下公共通道
		广场和特色场所	地下阳光天井
			下沉广场
			地下工业文化体验空间
			空中广场
			水面广场
			绿化广场
			集散广场
			桥下广场
			特色室外空间
			历史记忆场所
			庆典场所
		公共艺术和活动引导	公共艺术特色区
			文化探访线路
		街道开放空间	道路景观
			沿街底层界面

续表

类型	九个维度	管控要素		
基础设施类管控要素	交通设施		道路网	
		公共交通系统	轨道和公交场站	
			公交服务	
			有轨电车	
			小火车	
		步行自行车交通		
		停车		
	市政设施	市政供给系统	电力	
			供热	
			燃气	
			供水	
			再生水	
		市政排除系统	雨水排除	
			污水排除	
		市政信息系统	有线电视	
			电信	
		环卫		
	城市安全设施	防洪		
		避难场所		
		结建人防工程		
	绿色生态设施	生态修复和重构	通风廊道	
			生态廊道	
			特色生态景观	
			场地生态修复	
		海绵城市基础设施	雨水径流引导	
			暴雨控制	
		可再生能源		
		绿色建筑		

（2）创新规划管控手段

为了引导建筑设计、景观设计、道路设计等专业在设计方案中落实多规合一的管控要求，为规划管理部门核发规划条件和审查意见、审定方案提供依据，《北区详细规划》采取了"一图则+四附则"的图则管控方式。

一图则包括23项刚性管控要素，对各专业设计落实具有普遍指导性，管控要素与规划区基础设施承载力保障、开发容量控制、城市安全保障密切相关，包括用地功能、规模、容积率、市政基础设施、交通基础设施等。

四附则包括其他57项引导性要素，分为建筑风貌、绿色生态、地下空间和场地设计四个部分。建筑风貌附则包括10项对建筑设计专业具有指导意义的管控要素，包括建筑退台、建筑色彩和材质等；绿色生态附则包括14项对绿色生态专项设计专业具有指导意义的管控要素，包括可再生能源、绿色建筑等；地下空间附则包括 15 项对建筑设计、地铁、综合管廊设计等专业具有指导意义的管控要素，包括地下空间覆盖率、地下结建人防工程等；场地设计附则包括 18 项对景观设计、场地设计等专业具有指导意义的管控要素，包括地面公共通道、空中广场、文化探访线路等。

（3）探索技术规范创新

首钢老工业区内工业建（构）筑物改造项目占大部分，场地条件与常规新建地区相比具有特殊性，在更新改造中常常出现与既有设计规范和标准的矛盾，部分创新理念落地也与一些现行规范标准存在矛盾。《北区详细规划》结合老工业区更新改造的特点和创新理念的要求，在充分研究现有规范标准执行受限的前提下，尝试对首钢更新改造项目的规划管控要求进行创新。

在常规管控指标方面，规划提出工业遗产改造区域的绿地率、建筑密度、容积率等指标进行弹性管控。以容积率管控为例，工业遗产改造后的建筑规模与原工业建筑的结构形式、具体的改造设计方案有密切关系，在规划阶段难以提前准确核定，若按传统方式给定一个容积率数值，将对工业改造项目的建筑设计产生较大的限制，因此《北区详细规划》特别划定了容积率弹性管控的地块，规定这些地块的建筑规模在保障区域总建筑规模不超规划建筑规模的前提下，可在区域内多个地块之间统筹安排。

在多规合一指标方面，部分工业建筑改造地块的地下空间无法像新建地块一样进行整体开发利用，地下停车、结建人防工程难以随项目解决，规划提出共享地下停车库和统筹结建人防工程的策略，并结合工业建筑和地下空间开发利用的适宜性，提出统筹策略的具体落位。

首钢转型历程和规划引导大事件表

阶段	时间	事件
明确转型方向阶段（2005—2010年）	2005年	2月18日，国务院批复国家发展改革委关于《首钢实施搬迁、结构调整和环境治理方案》。 2月25日，北京市第74次市长办公会要求"由北京市规划委负责，根据《北京城市总体规划（2004—2020年）》抓紧编制石景山区控制性详细规划，特别是首钢厂区7.07km² 土地利用规划。" 2005年底前，北京市城市规划设计研究院完成《首钢工业区改造规划初步研究》编制。
	2006年	1月10日，北京市政府专题会对《首钢工业区改造规划初步研究》进行讨论，要求北京市规划委会同市发改委、国土局、石景山区政府、首钢总公司等单位，共同研究细化《首钢工业区改造规划》。
	2007年	北京市城市规划设计研究院编制的《首钢工业区改造规划》获北京市政府批复，成为指导首钢地区规划持续深化细化的纲领性文件。 改造规划编制同时，北京市规划委针对重点问题组织相关单位开展专题研究支撑规划编制，包括：《国内外老工业区改造案例研究》《首钢工业区现状资源调查及其保护利用的深化研究》《首钢工业区产业发展导向的深化研究》《首钢地区土壤及地下水污染调查和生态环境恢复治理方案》《永定河流域生态环境治理、水体景观恢复和水资源配置研究》。 12月，首钢开始全面实施压产方案，首先停产四号高炉、一号和三号烧结机、第三炼钢厂两座转炉及相关轧钢车间。
	2008年	1月5日，首钢举行北京地区涉钢产业压产400万t发布会，最后400万t的压产搬迁工作启动。
	2010年	3月，北京市政府推进首钢工业区工作专题会明确要求用世界一流的规划理念深化首钢规划。 4月，时任北京市长郭金龙到首钢调研，提出将首钢工业区建成"加快转变经济发展方式的示范区、首都生态文明建设重点区"的要求。在2007年版市政府批复的《首钢工业区改造规划》基础上，北京市规划委组织北京市城市规划设计研究院开展首钢控制性详细规划工作。 12月16日，拥有91年历史的首钢北京石景山区钢铁主流程实现完全停产、经济停产、稳定停产。
落实转型要求阶段（2011—2015年）	2011年	1月13日，首钢举行停产仪式，正式宣布首钢位于北京石景山的主厂区全面停产，时任北京市委书记刘淇出席仪式并向首钢颁发"功勋首钢"纪念牌。
	2012年	2月，北京市城市规划设计研究院编制的《新首钢高端产业综合服务区控制性详细规划》获北京市政府批复。
	2013年	3月，北京市新首钢高端产业综合服务区发展建设领导小组正式成立。 北京市规划委员会与首钢总公司签署《新首钢高端产业综合服务区规划服务和实施框架协议》，搭建首钢规划管理服务和实施工作平台，确定北京市城市规划设计研究院作为技术支撑单位，从规划编制到具体实施全程提供全方位规划跟踪服务。 北京市城市规划设计研究院全面深化绿色生态智慧和以人为本理念下的首钢更新改造与转型发展内容，首钢总公司开展相关专项研究，包括：《新首钢高端产业综合服务区绿色生态专项规划》《新首钢高端产业综合服务区城市设计导则》《新首钢高端产业综合服务区智慧城市顶层设计研究》《新首钢高端产业综合服务区市政专项规划》《新首钢高端产业综合服务区地下空间概念规划》等。 5月，全球首个在工业遗址举办的大型实景音乐会在首钢奏响。 首钢老工业区列入国家发展改革委老工业区搬迁改造试点。 12月，首钢西十筒仓改造作为首钢老工业区既有工业资源更新改造第一个项目开工。 12月，首钢鲁家山循环经济基地试运行，是国内首家致力于城市固废高效处理的国家级循环经济示范园区、世界单体一次投运规模最大的垃圾焚烧发电厂。
	2014年	北京市城市规划设计研究院编制《新首钢高端产业综合服务区交通专项规划》和《新首钢高端产业综合服务区步行与自行车交通专项规划》。 首钢建成投产北京市第一条示范生产线——首钢建筑废弃物资源化处理项目。
	2015年	4月，首钢建设国内第一个年产18万t的钢铁冶金工业污染场地热脱附土壤修复示范项目。 5月，为了实施长安街西延工程，首钢厂东门启动保护性拆除、编号保存留待原貌重建。 10月，中国工程院六位院士结合《首钢园区城市风貌研究课题》工作提出，首钢园区应成为展示中国建筑特色，彰显文化自尊、自信、自强的和谐宜居之都示范区。 12月，北京2022年冬奥组委宣布将落户首钢。

续表

阶段	时间	事件
引导转型实施阶段（2016—2022 年）	2016 年	4 月 26 日，新首钢高端产业综合服务区发展建设领导小组第三次会议召开，提出：首钢要抓住发展机遇，以冬奥组委入驻首钢老工业区为契机，坚持基础设施和生态景观建设先行，坚持工业遗存存量利用优先等，推进首钢老工业区改造调整，加快新首钢老工业区的开发建设。北京市城市规划设计研究院启动《新首钢高端产业综合服务区（北区）详细规划》工作。 5 月，北京冬奥组委首批工作人员正式入驻首钢西十筒仓办公区。 6 月，第二届中美气候智慧型 / 低碳城市峰会召开，C40 城市气候领导联盟公布首钢正式纳入 C40 全球正气候项目发展计划，首钢成为中国第一个、全球第 19 个正气候项目。
	2017 年	2 月 28 日，国家体育总局与首钢总公司在北京签署《关于备战 2022 年冬季奥运会和建设国家体育产业示范区合作框架协议》，共同推动冬奥会备战和国家体育产业示范区建设。 4 月，300m 长、60m 宽的精煤车间启动改造，将作为国家体育总局短道速滑、花样滑冰和冰壶训练场馆。 4 月 24 日，新首钢高端产业综合服务区发展建设领导小组第四次会议原则同意《新首钢高端产业综合服务区（北区）详细规划》，充分肯定规划以新发展理念带动产业结构调整和城市功能再造、探索企业转型发展的新路子。 8 月，国际奥委会主席巴赫到北京冬奥组委办公区参观，评价"首钢工业园区的保护性改造是很棒的一个想法，将老厂房、高炉等工业建筑变成体育、休闲设施，同时也作为博物馆，让人们记住首钢、北京和中国的一段历史，这是激动人心的做法。北京冬奥组委选择在首钢园区办公让老工业遗存重焕生机，工业旧址上建起标志性建筑，这个理念在全世界都可以说是领先的，做出了一个极佳的示范"。 9 月，国际奥委会确定单板大跳台首钢园区选址方案。首钢滑雪大跳台是北京冬奥会北京赛区新建唯一雪上项目竞赛场馆，将举办单板滑雪大跳台和自由式滑雪大跳台项目比赛，共产生 4 枚金牌。 10 月，"北京市新首钢城市更新改造项目"获得 2017 年"中国人居环境范例奖"。
	2018 年	8 月，市委书记蔡奇在首钢调研时提出"新首钢地区具备独有的区位、历史和资源优势，要从落实首都城市战略定位的高度，认识和谋划这一地区的未来发展，打造新时代首都城市复兴的新地标。" 10 月，首钢北京园区自动驾驶服务示范区启动，成为打造城市型产业社区的一个新起点。 11 月，《首钢老工业区转型发展规划实践——北区详细规划》荣获 2017 年度全国优秀城乡规划设计一等奖。 12 月，首钢与中关村科技园区合作共建"中关村（首钢）人工智能创新应用产业园"揭牌。 12 月，在中国奥委会全会上，首钢荣获 2018 年度国际奥委会"奥林匹克主义在行动"奖杯，首钢集团是当年中国奥委会向国际奥委会推荐的唯一单位。 12 月 31 日，北京卫视（TVB）2019 环球跨年冰雪盛典晚会选址首钢。
	2019 年	2 月，北京市政府发布《加快新首钢高端产业综合服务区发展建设，打造新时代首都城市复兴新地标行动计划（2019—2021 年）》，明确首钢北京园区肩负着城市更新和服务保障冬奥的重大使命。 9 月，新首钢大桥全线贯通，长安街西延线实现跨永定河全线联通。 10 月，首钢厂东门移位复建在首钢重新亮相。 11 月，北京地铁 11 号线西段（冬奥支线）01 标工程开工，主要服务于首钢园和北京冬奥会场馆。 12 月，首钢滑雪大跳台在 2019 "沸雪"北京国际雪联单板及自由式滑雪大跳台世界杯赛事中惊艳亮相。 12 月 20 日，北京市城市规划设计研究院与首钢集团承办的中国城市规划学会城市设计学术委员会年会在首钢召开。
	2020 年	6 月，北京市城市规划设计研究院编制《新首钢高端产业综合服务区南区详细规划（街区层面）》获得北京市规划和自然资源委员会批复。 11 月，第五届中国科幻大会在首钢园举行，中国科协与北京市政府签署《促进北京科幻产业发展战略合作协议》，首钢园正式挂牌全国首个科幻产业集聚区。
	2021 年	9 月，2021 年中国国际服务贸易交易会在国家会议中心和首钢园区举办，服贸会专题展及相关会议论坛在首钢举办，实现工业文化与展会文化深度融合。 9 月，2021 年中国科幻大会开幕式发布，全国首个科幻产业联合体在首钢园科幻产业集聚区成立。 12 月 12 日凌晨，首钢滑雪大跳台开始正式造雪。 12 月 13 日，北京 2022 年冬奥会火种抵达首钢园。
	2022 年	2 月 2 日，北京 2022 年冬奥火炬接力传递在首钢园举行。 2 月 4—20 日，北京冬奥运会期间，从首钢园国家冬季训练中心走出的参赛队伍勇夺 3 金、1 银、1 铜，首钢滑雪大跳台见证中国队 2 枚雪上项目金牌的诞生。 3 月 4 日，北京 2022 年冬残奥会火炬接力传递在首钢园举行。

第3章 规划实施机制创新

3.1 国内外相关探索

3.1.1 国外探索

欧美国家普遍经历过二次工业革命，在积累财富的过程中产生了大量的工业遗产，老工业区的更新转型发展是欧美工业城市进行空间资源整合、产业结构调整的重要环节，转型如何发挥长久正面效应，需要从遗产保护、管理、运作、立法等方面全面创新相关机制。

（1）英国老工业区转型机制

1）政策与立法

①工业遗产与保护区

在保护管理方面，英国工业遗产涉及在册古迹（ancient monuments）、考古地区（archaeological areas）、登录建筑（listed buildings）、保护区（conservation areas）在内的整个保护体系。

登录建筑和保护区制度是英国城市遗产保护的最重要政策。根据《城市宜人环境法》（1967年）[①]，保护区是一片建筑、历史价值突出或是整体风貌需保护的区域，英国迄今已公布近10000处保护区。英国遗产（English Heritage）中保护区分为六种类型，包括：历史城镇或城市的中心区、18—19世纪建造的郊区、带有历史花园的乡村住宅区、现代居住社区、运河及铁路等历史交通线路及其腹地、渔业或矿业村庄。

②工业遗产保护的方式

除了资助"英国遗产"，促进重视工业遗产和提名重要的工业遗产为世界文化遗产外，英国对工业

---

① 1967年，英国政府在市民托拉斯（Civic Trust）的倡议下形成并颁布《城市宜人环境法》，"保护区"概念首次在法律中被正式引入。

遗产的保护主要有三种方式：保护具有特殊价值或历史价值的工业建（构）筑物，给予它们登录的地位，防止它们被拆除、扩建或者未经许可的改变；保护重要的工业遗址和具有建筑或历史价值的工业古迹，给予它们在册的地位，防止它们未经允许的改变；通过规划系统保护工业遗产。

③工业遗产保护的立法

英国对不同类型的遗产（建筑物、考古遗址、景观、战场、舰船和船艇等）分别有不同的立法和保护制度。与工业遗产保护相关的立法主要有三个：《（登录建筑和保护区）规划法 1990》[Planning（Listed Buildings and Conservation Areas）Act 1990][①]；《古迹和考古区法 1979》（Ancient Monuments and Archaeological Areas Act 1979）[②]；《城乡规划法》（Town and Country Planning Act）[③]，其主要通过英国的空间规划系统来保护工业遗产。

"英国遗产"制定了细化的遗产类型的价值评定导则，涵盖几乎各种类型的遗产，在建（构）筑物评定登录的导则中关于工业遗产的是《工业建构筑物》（Industrial Structures），在考古遗址评定在册的导则中关于工业遗产的是《工业遗址》（Industrial Sites）。

2）管理机构

英国对工业遗产的保护主要有中央和地方两个层级，中央级负责的机构主要有：文化、媒体和体育部（Department for Culture, Media and Sport, 简称"DCMS"），它是英国的内阁部门之一，负责全英历史环境的保护和保存；英国遗产属于公共团体，是英格兰历史环境保护的首席顾问，向英国政府提供有关历史环境保护的意见和建议，如建筑的认定登录以及古迹的认定在册等；社区和当地政府部（Department for Communities and Local Government, 简称"DCLG"），也是英国内阁部门之一，负责通过规划系统来保护英国的历史环境，该部门制定的《国家规划政策框架》（*National Planning Policy Framework*）[④]第 126~141 条，明确了当地规划部门应如何保护历史遗产。地方级的保护责任主要落在各当地政府部门（Local authorities），它们主要负责保护区的认定管理，以及当地遗产的认定登录（图 3-1）。

3）资金保障

经过数十年的积累，英国在工业建筑遗产方面探索出了以经济效益和文化效益双轮驱动的再生模式，融解了"遗产保护"与"城市发展"之间的隔膜，作为城市中重要的旅游产业载体而存在，稳定地形成了如下再生模式：作为文化旅游的物质载体，作为时尚之旅的发酵酶，作为自然景观的生成源，作为商业与传统旅游的结合点。

在《英国工业遗产的公众开放与管理》一文中，"工业遗产公众开放研究"对调查对象管理运营的

---

① 《（登录建筑和保护区）规划法 1990》[Planning（Listed Buildings and Conservation Areas）Act 1990], 除了给出登录建筑和保护区的定义和法律程序外，还包括新的开发、拆除、改进、公众参与、产权和财政资助等内容。
② 《古迹和考古区法 1979》（Ancient Monuments and Archaeological Areas Act 1979），"考古区"遗产类型被正式提出，是"保护区"遗产概念在古迹保护领域中的应用，强调了在保护区进行作业的申请-许可程序性。
③ 《城乡规划法》（Town and Country Planning Act），1990 年修订，与《（登录建筑和保护区）规划法 1990》同属于议会法。
④ 《国家规划政策框架》（National Planning Policy Framework），2012 年 3 月 27 日，英国社区与地区政府部（Department for Communities and Local Government）发布，整份框架是英国政府改革的重要组成部分。

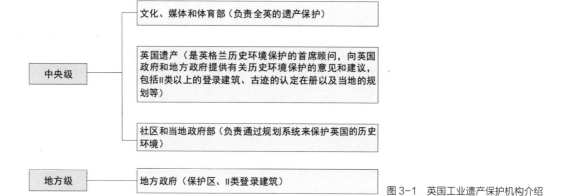

图 3-1 英国工业遗产保护机构介绍

情况采取了调查问卷的形式进行第一手资料的收集，研究访问了 259 名工业遗产地的管理者，反映了调查对象清单上不同产业间的联系，问卷调查结果反映出了工业遗产多种类型的管理运营方式以及管理组织的多样化。工业遗产管理权属的调查显示，属于私人土地所有的工业遗产地约占总体比例的 1/3，属国家信托基金和其他保护信托负责组织管理的遗产地占总数的 22%，属当地政府（含国家公园）管理的遗产地占 20%。

工业遗产地的公众参与和开放程度与它的项目资金安排有着很大关系。抽样调查的信息显示，预计在未来五年内，每处工业遗产的维护修理费用平均每年需要 12000 英镑，如果按照 610 处遗产地计算，总投资在 730 万英镑左右。约 1/3 的工业遗产地有商业旅游相关规划，但多数情况下，运营成本不能仅靠旅游收入来平衡。调查中有超过一半的工业遗产地收取门票，但大多数每人次收取不超过 1 英镑，只有约 15% 的遗产地门票收入在每人次 2 英镑。因为政府机构无法提供充足的资金，约 40% 参与调查的工业遗产地所有者都开展慈善活动。

4）公共参与

英国一直有着自愿保护工业遗产的良好传统。为掌握英国工业遗产的保护、管理现状，总结和提高此类遗产的开放作用，英国遗产委员会早在 20 世纪 90 年代中期便开展了对工业遗产公众开放程度的调查研究活动，并形成了一份详细的"英国工业遗产公众开放"研究报告，该项报告为英国工业遗产保护展示的持续开展和深入研究提供了翔实的基础资料，研究成果在 2007 年形成的"英国工业遗产有效管理的战略决策（草案）"[1] 以及英国遗产委员会在 2008 年完成的"持续的英国工业遗产——英国工业遗产保护的未来"等重要工业遗产保护研究报告中得到充分体现，在英国长期的工业遗产保护决策制定和行动计划中发挥了重要的基础作用。

在英国，工业遗产保护在遗产本体受到法定保护的同时，还注重工业遗产的开放和管理。面向公众

---

[1] 英国遗产委员会于 2007 年、2008 年相继完成《英国工业遗产有效管理的战略决策（草案）》等，充分展示了政府及管理机构在长期的工业遗产保护决策制定和行动计划中发挥着重要的基础作用。

的开放和展示不仅能够有效促进遗产本体的保护，还能在经济振兴和加强社区身份认同感等方面体现遗产的价值和重要性。"工业遗产公众开放"的研究调查了大量已向公众开放的工业遗产地，这些遗产向公众展示了传统工业技术和工业流程，运用各种方式阐释遗产地自身的工艺特征和工业创新、发展涉及的广泛内容，加强了公众对工业遗产的重视、理解和亲身感受。该项研究也是英国政府振兴历史遗址战略及可持续发展政策的一部分，在鼓励大众关注工业历史环境及同时期生活环境的同时，也成为加强政府对历史环境保护的重要手段。

总体上看，工业遗产一年的游客总量有 1/4~1/3 为旅游、学术团体或学校参观团。在宣传教育方面，研究对象中约有 1/4 的工业遗产地提供了专门的培训教室，而工业考古相关的教育机制则被列入全国课程。

5）典型案例：伦敦金丝雀码头

伦敦金丝雀码头区（Dockland）位于泰晤士河下游东面，曾经是世界上最繁忙的港口之一，20 世纪 60 年代因海运和港口工业外迁逐渐衰退。80 年代初，英国政府逐渐发现这一滨水区域的巨大潜力，倾向于对私人资本开放市场的保守党政府在与倾向于保护公共利益的工党的政治角力中占据上风，将之化为自由经济区（Enterprise Zone），区内的固定资产投资享有 10 年的地方税免税并免除所有土地建设税，同时实施相当宽松的规划控制政策。1981 年，伦敦码头发展有限公司（London Dockland Development Corporation，LDDC）作为政府管理码头区开发的机构正式成立。

①开发模式

1985 年，美国开发商瓦尔·查沃尔思德（G. Ware Travelstead）在两家大金融机构的支持下向伦敦码头发展公司提交了金丝雀码头的第一个开发计划，包括三栋超高层建筑。需要注意的是，区别于国内由政府组织制定开发计划，伦敦码头区的开发是投资商编制开发计划（包括策划、规划、计划、资金、权益、建设、营销等），作为双方建立合作机制的基础，也就是前面提到的"相当宽松灵活的规划控制政策"。

1987 年 7 月，奥林匹亚与约克公司与伦敦码头发展有限公司签下了金丝雀码头的开发协议，奥林匹亚与约克公司作为一个商业化运作的私人公司，为追求更大的利润空间，制订了一个空前宏伟的计划，即建设一个足以取代伦敦金融城的金融中心。奥林匹亚与约克公司提出的建设规模是英国多年来罕见的，它包含了 110 万 m² 的办公楼、7 万 m² 的商业和服务空间，将使伦敦的办公楼总面积增加 20%。金丝雀码头的定位不仅是一个中心商务区，而且是一个整体的环境和高质量的城市社区，以此吸引那些在欧洲寻找总部的国际性大公司。

②开发机制的核心

在开发机制上，伦敦码头发展有限公司负责金丝雀码头项目的开发管理，奥林匹亚与约克公司负责项目的商业开发和经营。作为管理机构的伦敦码头开发公司，将码头区开发划分为巨型项目整体出让给一家开发商，等于将项目风险全集中在一个企业上。开发商与政府虽然有将开发项目做好和做大的共同目标，但在利益分配之间的博弈则是两者之间的核心关系（图3-2）。

图 3-2　金丝雀码头

图片来源：level39 网站，https：//www.level39.co/cognicity-hub-launch/j

（2）德国老工业区转型机制

1）政策与立法

德国是工业强国，拥有大量的工业遗产，作为工业遗产保护的起源地之一，经历了 60 多年的实践探索，在工业遗产保护领域的一系列保护法规相当值得借鉴（表 3-1）。

德国工业遗产保护法律规定演变历程表　　　　　　表 3-1

时间 / 年	名称	主要内容	备注
1815	《普鲁士国家文物古迹和纪念物保护的基本原则》	普鲁士文化遗产保护和管理的法律基础	日后德国工业遗产保护法律的基础
1815	普鲁士国王颁发的法令	将皇家建筑领导办公室的管理范围扩大到公共建筑以外的国家纪念物的保留和修复，标志着普鲁士以国家的方式介入古迹和纪念建筑的保护和管理	以国家方式介入工业遗产保护
1823	《针对各种已破坏和丧失特征的纪念物的保护和修缮》	对有特殊历史价值的建筑遗产的保护原则和模式	对工业建筑遗产具体保护做法做出规定
1870	《普鲁士透视线法》和《萨克森一般建筑法》	德国城市规划的历史经典	
1960	《联邦建筑法》	第一部全国性的城市规划法，提出城市发展规划的概念	
1971	《城市建设促进法》	将地方性的城市更新和发展试点经验推广到全国	旧城区保护改造经验的推广
1973	《巴伐利亚州文物保护法》	将慕尼黑老城区作为保护对象，实行建筑群整体保护制度，开创了新的建筑类工业遗产保护模式	首次出现以工业遗产保护区保护的模式
1975	《建筑遗产的欧洲宪章》	为欧洲历史文物古迹和工业遗产保护明确了保护的责任和意义	为德国工业遗产保护提供了立法依据
1986	《联邦建设法》和《城市建设促进法》	基础上颁布新的建设法典，其中对个人建筑文物做出明确的保护规定	对工业建筑遗产旧立面形式及布置管线等做出明确规定

2）管理机构和再利用方式

德国的工业遗产意识是在遗产保护、逆工业化、社会运动和美学认识改变的大背景下产生的，德国具有良好的社会基础，基于政府主导，在社区居民和非政府组织的自下而上的推动作用下，德国工业遗产形成了国家—区域—地区—本地四个不同尺度上的多层级再利用方式。主要在两方面表现出色。

①多方力量参与下工业遗产的发展与扩散

德国的工业遗产保护得到政府和民间双向力量的推动，既是自下而上，又是自上而下的过程，在多方力量参与下，工业的遗产化得到迅速的发展与扩散。

②政府的推动

在民众的呼吁下，德国工业遗产的保护进入政府的视野。在这一过程中，关注工人阶层利益的德国社会民主党所推动的公民社会运动（Civil sociality protest）起到了关键的作用，这一运动使工人阶层关于工业遗产的社会话语权得到提升，标志着对工业遗产的保护上升到政府层面。在政府的推动下，德国工业建筑的保护进入法律保护的范围内。

3）资金保障：非营利组织的推动

本地性的工业遗产，主要是一些不知名，却具有本土化特色的工业历史要素，它们构成了德国工业遗产的基础性细胞结构。一部分工业遗产由非营利组织负责，比如保护协会（e.V.），而另外一部分则是个人自发运营，这种综合模式充分体现了德国工业遗产的深厚社会基础。

①非营利性组织——伯吉斯兰德工业保护协会（Netzwerk Bergisches Land e. V. industriekultur）

伯吉斯兰德（Bergisches Land）是一个拥有早期工业化历史的地区，保护协会（e. V.）是该地区在 1998 年正式注册的非营利性组织。很多当地居民加入了这个工业文化组织。该组织通过募集资金进行工业遗产的保护和再利用，出版相关书籍和地图，进行工业遗产的宣传和推广。

②非营利性组织——科林莱茵工业文化协会（Rheinische industriekultur e.v.,Köln）

该组织是 2003 年由科隆大学两位教授共同自发组建，主要通过建立网站，宣传科隆地区的本土工业遗产，并与工业遗产地联系，不定期组织参观等活动。每年 200 欧元预算，其中 100 欧元由个人捐助。

③非营利性组织——杜塞尔多夫－格瑞斯海姆（The Düsseldorf Gerresheim）公民组织

2006 年，彼德·汉克尔（Peter Henkel）提出成立杜塞尔多夫工业遗产保护非营利性组织，该组织的活动包括讨论社区文化、建议工业文化等。这些活动主要由格瑞斯海姆（Gerresheim）公民、格瑞斯海姆－格拉芬伯格－哈伯拉斯（Gerresheim –Grafenberg-Hubbelrath）文化组织和杜塞尔多夫历史协会（Düsseldorfer Ge-schichtsvereins e. V.）等非营利组织共同合作完成。

4）公共参与

作为欧洲重工业之都的德国鲁尔区曾随着传统工业的衰落而进入一段艰难的转型期，在经济社会全面战略转型的过程中，鲁尔区把陈旧工矿业建筑改造为具有活力的新型公共空间，打造涵盖文化艺术中心、工业博物馆、购物街区、影剧场集群等多元方式的新平台，使其重新发挥城市空间的核心作用。改造后的工业遗产项目不但传承了宝贵的近代工业文明，而且聚合了现代都市生活的综合功能，再次走向公众的日常生活。作为世界范围工业遗产改造的范例，德国鲁尔区的工业遗产改造在广泛和深入的公众参与方面提供了充足例证。

德国鲁尔区工业遗产的再开发强调景观的整体性和功能的多样性，区域内主要城市有着独具特色的、侧重点不同的改造定位，同时伴有相应的公众参与方式（表3-2）。这些众多的工业遗产项目被包装成统一的工业旅游路线，具有统一的鲜黄色对外标识以扩展影响力，涵盖全部改造项目的环形路线大约长400km。鲁尔区为游客颁发的"发现者护照"适用于整个"工业文化之旅"，当游客参观完一个工业遗产项目后，可在"发现者护照"上面盖章。每个参观地点做简要介绍的位置都配有盖章人员。能够按照要求收集15个以上印章，就可以带着"发现者护照"去旅游中心免费获得印花背包。这种安排可以引导游客全程体验鲁尔区的工业遗产改造项目，并广泛参与其互动计划。鲁尔区依托地域特色浓厚的历史和文化性极高的展品，用丰富多彩的亲身参与活动吸引着游客们。正像某次鲁尔艺术节的主题——"拥抱"，一个成功的工业遗产改造项目必须能做到与外城区顺畅融合，与公众生活和谐共生，与多样化的自然环境匹配契合。

主要城市的改造定位与公众参与方式 表3-2

城市	改造定位	公众参与主要方式
埃森	文化遗产区	展览，专题活动
杜伊斯堡	休闲娱乐区	运动健身
奥伯豪森	工业娱乐区	庆典，购物
波鸿	节庆中心区	学徒，游行
多特蒙德	高新科技区	文化体验
杜塞尔多夫	音乐及新媒体区	爵士音乐节

5）典型案例：鲁尔区核心城市转型

第二次世界大战后，在新一轮产业革命的浪潮冲击下，百年不衰的鲁尔区爆发了历时十年的煤业危机和钢铁危机，重工业经济结构日益显露弊端，区域经济陷于结构老化的危机之中，大量工人失业。围绕提升产业结构，创造就业机会，增强竞争活力，优化发展环境，鲁尔区、州、联邦政府以及欧盟委员会采取的振兴机制如下：

联邦政府经济部下设联邦地区发展委员会和执行委员会，州政府设立地区发展委员会及实行地区会议制度，市政府设立了劳动局和经济促进会等部门，专门负责老工业基地振兴的综合协调。

分期制定振兴规划，以规划的广泛认同性来保障行动的协调一致性。

提供资金扶持，发挥政府投资的导向作用。鲁尔区各县市凡失业率达15%以上、人均收入为西部人均收入75%的地区都可申请联邦和州政府的资助，均可获得占投资额28%的资金。对于可促进基础设施建设和废厂房利用的项目，更可得到占投资额80%的资金。

针对传统产业升级和改造，采取价格补贴、税收优惠、政府收购和环保资助。

改善交通基础设施、兴建扩建高校和科研机构、集中整治土地，为鲁尔区下一步的发展奠定基础。

图 3-3　德国鲁尔区
图片来源：Flickr 网站，https://www.flickr.com/photos/wwwuppertal/6391508581/

6）实施机制总结

德国工业遗产要提高广大公众的参与性，就不能停留在造景的低级阶段，而应注入更多的人文资源，提升趣味性和互动性。虽然德国工业遗产保护和再利用获得了较高的国际美誉度，但同样面临着问题和挑战。首先，工业遗产保护的资金主要由政府从税收里出资，属于公共事业，不以营利为目的；另外，虽然德国形成了工业遗产的多层级网络化结构，但资金投入过于集中在五个大型的工业遗产地——关税同盟、措伦、北杜伊斯堡景观公园、奥博豪森煤气储气罐（Gasometer）和矿工小镇（Villa Hügel），但却忽视了一些小型的在工业化过程中占据重要地位的工业遗产，有一些甚至面临消失的危险（图 3-3）。

（3）法国老工业区转型机制

1）实施政策体系：自上而下与区别对待

法国工业遗产保护利用的实施体系呈现出自上而下的特征，即国家拥有绝对、主导的责任和权利。被列为国家保护的工业遗产，其建设规划均由国家文化部委任的建筑师负责制定和执行。同时，法国通过地方分权后实行权力下放，地方政府开始拥有更大的遗产保护权力和责任。这样，不仅使国家更准确地了解工业遗址的数量及现状，也有利于实施更有针对性的保护利用措施。针对工业遗产的多样性和复杂性，法国采取了具有针对性的区别对待方式。1995 年 3 月，由地方行政长官菲利普·洛瓦素提交的工业遗产政策报告中明确了法国工业遗产保护的四个基本标准，这些标准通过严格遴选，基本沟通了不同产业的不同分支，并与地域分布相协调，避免了某个地区存在过量选择。

对于所有权属于私人的工业建筑遗产，法国实行的办法是：国家可以视建筑的损坏情况先向业主提出修缮，也可以由业主自己提出修缮申请。业主提出修缮或改建需经国家同意，然后由国家通过专家小组考虑其方案，制定预算，并严格要求修缮工作的等级。在具体的施工过程中，国家还参与全面的检察和监督。

2）资金保障

对于工业遗产保护的资金保障，法国采用的是由国家主导、地方支持、民间补充的方式；对于属于国家文化遗产的工业建筑遗产，每年都有国家专项资金；对于所有权属于私人业主的工业建筑遗产，国家视建筑的损坏情况和重要性承担15%~50%的修缮费用。

企业资金和民间资金也是重要的资金来源，政府通过土地的整体开发和税费优惠来吸纳企业和民间资金，确保保护与发展的良性循环。

在法国，基金会起着非常重要的作用。目前，全法国共有3万个基金会服务于文化领域，其中有关建筑遗产保护的超过30%，规模最大的是文化遗产基金会。该基金会成立于1900年，由欧莱雅、米其林、达能等60家法国知名企业发起，其宗旨是对那些未进入国家保护范围内的"边缘遗产"进行保护。基金会通过多种方式、多种措施保护遗产：补助修缮经费的10% ~ 15%给遗产所有权人、吸引企业赞助遗产保护、帮助遗产所有权人募集资金、向"边缘遗产"颁发遗产基金会标签以减免税费等。

3）公共参与

1982年颁布的《地方分权法》[①]将文化遗产的责任主体从国家扩展到地方及民众，在工业遗产的保护利用中常常有各种民间组织的参与。目前，法国有6000余个历史文化遗产保护社团，其中规模最大的是国家建筑和遗址保护协会联合会，该联合会聚集了全法国3500个文化遗产保护协会，其他较大的还有法国遗产保护志愿者工作营联盟、青少年与文化遗产古迹国际协会、历史建筑促进会等。

法国的工业遗产保护利用往往采用听证的模式，其实施方案必须通过所有公众的认可才能实施，在实施过程中还要受到来自公众的监督。不同阶层、不同角度的公众参与使法国遗产保护呈现出理性、多元的特色，各方利益也得到了平衡。

（4）美国老工业区转型机制

1）政策与立法

政府实行计划干预，其主要措施包括：转移、疏散东北部地区的制造业和劳动力，扶植西部、南部地区经济发展，减轻地区就业压力；联邦政府与州政府共同拟订税收优惠、多种补贴及信贷优惠政策；促进劳动力的转移，发放迁移费用补贴、住房补贴及提供培训条件等。向国外开拓市场或转移产业，通

---

① 1982年3月2日至1983年7月22日之间，法国议会颁布了一系列有关调整国家政府与地方集体职权分工的法律，这些法律统称为《地方分权法》（les lois de décentralisations）。

过向国外开拓市场或转移产业的方式，缓冲国内传统制造业的衰落局面。实施军转民政策，加快民间资本投资步伐，进而为工业发展乃至国民经济振兴铺平道路。

2）组织与管理

①联邦政府

联邦政府有专门的工业遗产保护机构，主要包括三个机构：国家公园局成立于 1916 年 8 月 25 日，它是美国联邦内政部下属致力于自然环境与历史环境保护的联邦政府级主要机构；美国联邦历史保护咨询委员会（The Advisory Council on Historic Preservation，ACHP）于 1966 年成立，是依照 1966 年《国家历史保护法案》①成立的联邦一级政府机构，也是联邦政府唯一从事历史文化遗产保护事务的咨询研究机构；全美州历史保护官员联合会（National Conference of State Historic Preservation Officers，NCSHPO），是各州历史保护官员联合成立的一个非营利性组织。

此外，联邦政府于 1965 年成立的联邦人文艺术基金会，可以向工业遗产保护项目提供联邦资助。1965 年成立的联邦博物馆图书馆服务协会，也面向特定的工业遗产保护项目提供指导和支持。

②州与地方政府

鼓励各州政府对本州的工业历史文化遗产的调查、研究与保护，可以获得联邦的历史保护基金的直接资助。

③民间组织

美国工业遗产保护体系中最著名的就是美国历史保护信托组织，1949 年美国历史保护信托组织正式建立，它是美国最大的致力于全美历史遗产保护的民间非营利性组织，在美国的工业遗产保护体系中发挥着重要的作用。1966 年美国《国家历史保护法》确立了由联邦政府、地方政府和民间组织共同承担义务对历史资源进行保护和管理，改变了过去由联邦政府独立承担的格局。同时也为民间的工业遗产保护组织提供了法律保障。

④社区组织

美国一些社区中设有社区基金会，是由一个地区的居民为解决本地区的问题而成立的非营利性机构，资金来源大都是由社区居民自愿捐款，同时也来自一些企业、机构和政府机关的捐助，为社区的一些公益性组织提供赞助，为面向工业遗产保护的社区组织的实践活动提供支持。

3）资金保障

①直接资金资助

美国政府直接对工业遗产项目的相关拨款，大部分都以各种基金的形式来执行。联邦政府对工业遗产的直接拨款，通常由国会通过预算，由国家公园局的文化资产协力部门负责管理，由工业遗产保护的具体项目向州历史保护办公室（State History Protection Office，SHPO）提出申请后，通过审批获得政府资助。

---

① 1949 年《城市振兴法案》通过后，美国城市的大拆大建拉开帷幕，在此过程中历史保护运动也得到了最重要的发展。1961 年，纽约宾州车站（Penn Station）被拆，有力促进了历史保护法案的形成，1966 年，《国家历史保护法案》（National History Preservation Act）诞生。

另外，最为重要的是美国历史保护信托组织，组织下设一些基金，可以让全美不同的工业遗产保护项目根据自身条件提出申请。

②税收优惠政策

1976年开始，美国联邦和各州多次进行税收改革，有效地促进了美国工业遗产保护体系的建立与发展，以税收优惠换取联邦制度下遗产保护的政令通行。

1981年，时任总统里根签署《经济复兴税收法》（The Economic Recovery Tax Act），授权确立建筑更新税收奖励政策，加大对工业遗产保护活动的减税力度。该政策允许对列入国家历史场所名单的建筑更新提供最高25%的减税政策，1985年修改降低为20%，并且最多为0.7万美元的减税额度。

目前有超过15个州为历史保护尤其是与工业遗产相关的旧的建筑、厂房、机器等修复工程的投资提供州税减免奖励政策，州税减免与联邦税减免不矛盾，可以同时享受，州税与联邦税收的减免的奖励政策，在某些情况下可以超过工程总投资额的20%。

此外，各州根据本州工业遗产的具体情况，设置了一些特别的优惠政策。如北卡州专项工业遗产保护减税计划，鼓励对州内在近几十年陆续关闭的纺织、烟草、家具制造、木材加工等为本州经济作出贡献的传统工业设施进行保护和再利用，符合州认定标准要求的营利性工业遗产更新项目可获得最高达州税40%的减免。

4）典型案例：美国高线公园

高线公园位于纽约曼哈顿中城西区，纵贯20个街区。高线铁轨最初是为了提高切尔西区工业运输效率而建设的一条空中铁路，把牛奶制品和肉类运输到这一区域的工厂和仓库，构成纽约西侧的空中运输动脉。随着卡车货运的普及，这条空中铁路在20世纪60年代逐渐被弃用。2003年，城市规划署的工作人员制定重新区划的框架，将高线的再利用与周边社区的再发展相结合，鼓励文化艺术行业的发展，将高线公园从运输线路转型成为公共空间（图3-4）。

高线公园带来该工业区的可持续发展，其较好的政策和机制实施体现在以下两方面：

①建筑面积奖励政策和融资相结合

重新区划通过建筑面积的奖励政策，允许廊道内的土地所有者将这一部分土地的空间权出售给开发商，转出到片区内新建住房周边的接收地块上，开发商要保证每获得1m²奖励建筑面积，就要有50美元用于高线公园的发展资金。同时，最大容积率奖励也是有效手段之一，开发商可以通过三种途径，即接受高线铁轨下土地空间权的转让、提供高线公园发展资金、建设保障性住房，将地块最大容积率从原先的5.0~7.5提高到6.0~12.0。

②全行业共同参与

在实施过程中，纽约有影响力的人基本全部出动：市长，议员，著名的摄影师、建筑师、作家、时装设计师、演员，他们开募捐晚会、搞展览，努力推进高线再开发的快速实施。为了配合再开发实施，高线经过的街区积极开展保护与更新，各种业态都被囊括进去，完善了片区功能，充分激发了城市活力（图3-5）。

图 3-4 美国高线公园改造 1
图片来源：纽约高线公园官网，https：//www.thehighline.org/about/

图 3-5 美国高线公园改造 2
图片来源：纽约高线公园官网，https：//www.thehighline.org/about/

3.1.2 国内探索

（1）上海老工业区转型实施机制

1）部门协作的管理机制

2008 年 10 月，上海市经济委员会、上海市发展和改革委员会、上海市城市规划管理局及上海市房屋土地资源管理局联合发布《关于推进本市生产性服务业功能区建设的指导意见》，提出"重点加大对中心城区的老工业集聚区和工业用地中传统制造业的淘汰和调整力度，加快产业置换和产业升级，集聚发展生产性服务业"。同时，2008 年上海市规划和土地"两规合一"使规划管理政策的衔接更为便捷有效。各部门以此为契机，进一步制定详细落实措施，构建紧密协作机制。转型及更新是城市发展方式的系统性变革，需要政府、组织实施机构、更新主体、相关利益人等建立多方合作关系和协商机制。2015 年 5 月，上海市实施《上海城市更新实施办法》。

2）健全工业用地盘活政策

老工业区闲置土地改造情况复杂，应采取更为灵活、弹性的改造方式充分适应市场变化的需求。2016年4月1日，上海市规划和国土资源管理局修订完善的《关于本市盘活存量工业用地的实施办法》和《关于加强本市工业用地出让管理的若干规定》正式施行，两项新政的施行标志着上海不再让闲置工业用地"晒太阳"。《关于本市盘活存量工业用地的实施办法》通过明确存量补地价、物业持有率、公益性责任和低效闲置违法用地处置等事项，为不同转型路径制定详细的开发机制和管理要求，以"引""逼"结合的方式挖掘工业用地存量更新的内在动力。《关于加强本市工业用地出让管理的若干规定》的目的在于发挥土地资源市场配置作用，加强工业用地出让全生命周期管理，以土地出让合同为平台，对项目在用地期限内的利用状况实施全过程动态评估和监管，通过健全工业用地产业准入、综合效益评估、土地使用权退出等机制，将项目建设投入、产出、节能、环保、本地就业等经济、社会、环境各要素纳入合同管理，实现土地利用管理系统化、精细化、动态化。在土地供应方式上，鼓励采取租赁方式使用土地，逐步实行工业用地"租让结合，先租后让"的供应方式。

3）典型案例：杨浦滨江区域城市更新

杨浦滨江是上海市黄浦江两岸综合开发的重要组成部分，岸线长15.5km，区域总面积13km²，集中了上海市旧改工作总量的30%，民生改善需求迫切，滨江工业企业迁出后，亟待完成功能再造与景观重塑。

①开发机制

该区域采用市区联手，一、二级联动的开发机制，通过国有企业参与旧区改造和综合更新，由企业"代"政府履行房屋土地征收、前期开发整理、招商服务等职能，同时参与具体项目建设运营管理。在一级开发层面，可以有效缓解政府融资压力，拓宽融资渠道，吸引多元社会资本和机构参与，加快旧改进程，实现规模开发；在二级开发层面，可以通过市场化方式吸引优质企业参与实施，在实现资金回笼的同时保持管控力。

②融资机制

2017年，上海杨浦滨江投资开发有限公司与上海双创投资管理有限公司正式签署战略合作框架协议，共同设立上海杨浦滨江城市更新发展基金，助推杨浦滨江国际创新带的开发建设。

（2）武汉老工业区更新实施机制

1）运作方式

以都市型工业园区建设为主要模式，以成片储备、激活存量、调整结构、政府引导、市场运作的方式，盘活工业用地存量，促进工业结构升级转化。运作方式上，通过对改制企业的土地进行整片收购储备，将储备资金转化为企业改造投入，解决职工分流和企业债务；按照园区发展规划，由市土地整理储备中心对现有厂房、道路、环境等进行整理，以低租金吸引中小民营企业入驻，对入驻企业设置产业、税收、就业与环保门槛，使都市工业园成为中小企业的孵化器和国企下岗职工再就业的基地或创业平台。

2）政策支持

都市工业园的更新改造过程中，武汉市政府和相关部门先后出台多项政策，包括园区规划和政策认定、入驻企业优惠政策、土地储备优惠政策、专项资金政策、税收优惠政策、融资扶持政策、基础设施建设优先政策等，全方位促进都市工业园区发展。例如，招商制定"低租金、零费率、一站式、全方位"的优惠政策，入区企业除依法缴纳国家法律、法规和市政府规定费用外，不再缴纳其他行政性规费；对入驻企业设置门槛，重点吸引民营中小企业，形成企业群延长产业链；为促进职工再就业，制定一系列优惠政策，用经济杠杆调动企业吸纳下岗职工再就业的积极性。

3）典型案例：硚口区汉正街都市工业园更新

硚口区工商业历史悠久，闲置土地的厂房设施密集，武汉市提出将兴建工业园区与改造老工业基地相结合，在硚口区汉正街都市工业园开展试点，探索老工业区更新机制。

①土地政策

汉正街都市工业园可纳入政府当年土地收购计划，享受土地储备优惠政策，由市土地储备中心按政策收购，其土地、厂房和基础设施可由所在区低租金使用 12 年。

②金融政策

市财政局、市经委 2004—2011 年每年筹措 3000 万元，作为市级都市工业园区发展专项补助基金，区级财政按不少于 1 : 1 的比例匹配资金，设立专户专款专项。

入住市级工业园区的企业每年上缴税收新增部分，市级所得全额返还给各区，专项用于园区建设和发展；区级新增所得也要重点用于园区建设和发展。经市经委、市财政局按年审核认定，达到相应税收水平、安排下岗失业人员就业等指标要求的市级都市工业园区，享受财政返还政策。对入驻市级都市工业园区的科技型企业和高新技术企业，科技部门给予优先贷款、贴息等资金扶持和专项科技经费支持。

在融资方面，对获得园区专项资金支持的企业，各金融机构和担保机构给予融资扶持，市、区政策性担保机构把入驻市级都市工业园区的企业作为融资担保重点，每年向入园企业提供的贷款担保额占年度总担保额的 50% 以上。

3.1.3 重要机制建设

（1）制度保障

老工业区转型以及工业城市转型目的在于寻求可持续发展模式，新发展模式有效开展要有相应的政策、立法和制度进行保障。政策是实施城市转型发展的工具，完善的法律制度是转型期城市建设和政府执行力的保障。

中央政府将环境保护、社会公平作为老工业城市转型的政绩考核，并加强国家层面的财政转移支付，为老工业城市的转型发展提供政策支持，在我国当前空间非均衡的城市化格局当中，实现城市的均衡化发展目标。

当工业城市进入转型期时，城市经济萎缩、发展迟缓；环境毁坏严重、生态系统紊乱；失业率、犯罪率上升，社会问题严重。因此在进行产业转化和产业救助的转型过程中，政府必须给予足够的法律保障加以推进。出台老工业转型城市振兴法案，并专章规定衰退产业援助办法，明确中央、地方政府和企业在产业转型中的权利义务，分清"事权"和"财权"关系；建立财政援助运作机制，解决财政资金来源、投放领域、使用程序和监督机制等问题，是中央政府、地方政府及各级财政援助行动的迫切任务。

（2）规划模式

从城市发展阶段看，在工业城市转型过程中，城市由高速发展转向高质量发展；从城市发展动力看，城市的经济增长由投资驱动转向要素驱动；从产业类型看，主导产业由传统产业转向绿色、高端、智能产业。因此在工业城市转型过程中，要做好发展问题导向、驱动方式导向、产业特色导向，对城市进行科学化和精细化管理，突出地方特色和多元参与，强化地方城市管理立法和规划设计标准制定工作，落实绿色发展理念，展现城市特色，借助责任规划师，探索更多可复制可推广的经验，提高转型后的城市品质。

工业转型城市的规划模式是一种新的模式，应摒弃传统的通过城市场所营销、旗舰项目建设、地价成本竞争和企业税收减免等常规的规划手段，吸引外来的资本和人口，以期望转变城市发展规模收缩的现实态势。工业转型城市的规划设计总路径，应把握城市增长压力缓解的历史契机，通过废弃地再利用、生态环境整治、劳动技能培训、特色产业挖掘等创新措施，为转型发展创造一个平稳的环境。

（3）治理模式

转型过程中的老工业区存在较大的变化弹性，城市管理需要超越单一的自上而下的传统模式，通过自下而上的企业、市场和社会多主体的行动，实现政府、市场和社会多元合作的治理模式。这个过程包含了建立责任型的透明政府，为工业企业、社会团体、公民搭建理性表达诉求的通道，建立良性的互动机制，政府从城市转型发展的经济利益中独立出来，鼓励多元社会力量的共同参与，成为保障公共利益的执行者和经济福利的平衡者。

（4）数字化管理

目前城市转型过程中的管理出现扁平化管理和网格化管理等现代管理理念，推进了精细、敏捷的城市管理体制创新。数字化和信息化推动了新型城市管理模式中政府与市民的双向互动，依托现代信息技术可以建立网络型组织，进一步改变政府治理结构，实现国家、市场与社会的共同治理。

老工业区的转型更新治理应建立基础数据信息，为工业遗产及其历史沿革建立数据库，这不仅是规划设计和产业替代必要的前提，还可以持续跟踪工业遗产的保护利用情况，为公众参与典型风貌的工业建（构）筑物保护工作提供信息平台，使得公众成为参与者和监督者。

3.2　制度创新

3.2.1　土地政策

土地政策创新在工业区（城市）振兴及转型的过程中是最基础和最重要的，直接关系到后面的融资方式、设计方式、运营模式。

（1）国家政策

1）《国务院办公厅关于推进城区老工业区搬迁改造的指导意见》（国办发〔2014〕9 号）

对因搬迁改造被收回原国有土地使用权的企业，经批准可采取协议出让方式，按土地使用标准为其安排同类用途用地。改造利用老厂区发展符合规划的服务业，涉及原划拨土地使用权转让或改变用途的，经批准可采取协议出让方式供地。各级国土资源管理部门下达年度新增建设用地计划指标时，要根据实施方案确定的规模和时序，向搬迁企业承接地倾斜。中央企业所属企业搬迁，一次性用地数量较大、地方政府确实难以平衡解决的，可报请有关部门在安排下一年度用地计划指标时研究解决。对在搬迁企业原址发现地下文物或工业遗产被认定为文物的老工业区，所在市辖区因保护文物需要新增建设用地的，所在省级、市级人民政府优先安排用地计划指标。将已确定的城区老工业区搬迁改造试点所在市辖区纳入城镇低效用地再开发试点范围。

2）《关于支持老工业城市和资源型城市产业转型升级的实施意见》（发改振兴规〔2016〕1966 号）

支持将示范区所在城市纳入城镇低效用地再开发试点，鼓励有条件的城市开展工矿废弃地复垦和再利用。鼓励地方政府开展土地污染修复。支持示范区推进城乡建设用地增减挂钩与农村土地整治，有序开展村庄迁并和存量用地挖潜改造。积极探索科学处置示范区内中央企业和地方国有企业废弃闲置厂房的有效途径，利用工业存量设施发展创新创业产业。进一步加强项目规划和选址引导，合理、集约、高效利用土地资源，对示范园区土地利用和工程建设实施统一的规划管理，实行示范园区发展规划、土地利用规划、城乡规划"三规合一"，集中联审。支持示范园区采取自主开发建设和产业定向开发相结合的方式，加快推进土地开发再利用，根据土地新规划用途和产业类别确定供地方式，合理安排土地开发时序，条件成熟一块，开发建设一块，实现滚动开发。

（2）北京政策

首钢搬迁是党中央、国务院做出的重大战略决策，是强化首都城市战略定位、推动京津冀协同发展的重大举措，首钢老工业区也被国家确定为首批城区老工业区搬迁改造试点。为有序推进首钢老工业区改造和产业转型升级，北京市人民政府于 2014 年发布《关于推进首钢老工业区改造调整和建设发展的意见》，关于土地的政策如下：

1）按照新规划用途落实供地政策

利用首钢老工业区原有工业用地发展符合规划的服务业（含改扩建项目），涉及原划拨（或原工业出让）土地使用权转让或改变用途的，按新规划条件取得立项等相关批准文件后，可采取协议出让方式供地。经行业主管部门认定的非营利性城市基础设施用地，可采取划拨方式供地。对于首钢老工业区范围内规划用途为多功能用地，可采取灵活的供地方式。

对于土地权属明晰、无纠纷，能够确权给首钢的项目，可按时序、分批次、相对集中地办理协议出让手续。对无土地证，但土地权属明晰、无争议的土地，相关区国土部门可依照《确定土地所有权和使用权的若干规定》等有关政策规定进行土地确权，报区政府同意后，可由区政府出具土地权属认定意见，办理立项等前期手续，国土部门核发国有土地使用权证。建立健全市相关部门、区政府和首钢总公司统筹协调和协同联动的工作机制，会商解决边界相邻土地置换使用等问题。

2）专项使用土地收益

首钢权属用地土地收益由市政府统一征收，专项管理，定向使用。扣除依法依规计提的各专项资金外，专项用于该区域市政基础设施项目红线内征地拆迁补偿、城市基础设施、土壤污染治理修复、地下空间公益性设施等开发建设。

首钢权属用地土地收益按照规定实行"收支两条线"管理。首钢总公司依照基本建设程序，采取项目管理的方式，就符合规划和资金使用范围的项目，向市新首钢高端产业综合服务区发展建设领导小组办公室申请使用该专项资金。专项资金使用要依法依规，确保专款专用。

3.2.2 资金政策

（1）国家政策

从最初的"工业基地"，到"老工业区"，再到目前的"工业城市"，我国从2013年陆续推出相关振兴政策，每个阶段的政策都对融资方、融资途径、市场准入等策略提出了相关要求。

1）《国务院办公厅关于推进城区老工业区搬迁改造的指导意见》（国办发〔2014〕9号）

拓宽资金筹措渠道。鼓励银行业金融机构根据搬迁改造项目特点，完善金融服务。支持将城区老工业区符合要求的搬迁企业经营服务收入、应收账款以及搬迁改造项目贷款等作为基础资产，开展资产证券化工作。支持符合条件的企业通过发行企业债、中期票据和短期融资券等募集资金，用于城区老工业区搬迁改造。鼓励社会资本参与搬迁企业改制重组和城区老工业区市政基础设施建设。合理引导金融租赁公司和融资租赁公司按照商业可持续原则依法依规参与企业搬迁改造。

国务院有关部门安排产业发展、市政基础设施和公共服务设施建设、污染治理等专项资金时，要加强协调，合力支持城区老工业区搬迁改造。继续安排城区老工业区搬迁改造专项资金，重点支持改造再利用老厂区老厂房发展新兴产业和企业搬迁改造等。适当安排中央和地方国有资本经营预算资金，支持城区老工业区搬迁改造中的国有企业棚户区改造。发展滞缓或主导产业衰退比较明显的老工业城市可将中央财政安排的相关转移支付资金重点用于城区老工业区搬迁改造。对列入实施方案的搬迁企业，按企业政策性搬迁所得税管理办法执行。

2）《关于支持老工业城市和资源型城市产业转型升级的实施意见》（发改振兴规〔2016〕1966号）

支持示范区所在城市与有关金融机构合作设立产业投资基金，充分利用股权投资基金、企业债、中期票据、短期融资券和项目收益票据等融资工具，进行多种渠道融资，支持创新型产业项目。国家开发银行加大对示范区重点项目建设的支持力度，在融资总量、授信准入等方面予以倾斜。鼓励金融机构针对新兴产业新业态的发展特点，积极为示范区内项目建设提供融资规划、财务顾问、金融租赁、综合金融方案等服务。支持示范区内符合条件的企业利用多层次资本市场开展直接融资。

3）《中共中央国务院关于全面振兴东北地区等老工业基地的若干意见》（中发〔2016〕7 号）

进一步加大信贷支持力度，鼓励政策性金融、开发性金融、商业性金融机构探索支持东北振兴的有效模式，研究引导金融机构参与资源枯竭、产业衰退地区和独立工矿区转型的政策。推动产业资本与金融资本融合发展，允许重点装备制造企业发起设立金融租赁和融资租赁公司。要进一步加大中央预算内投资对资源枯竭、产业衰退地区和城区老工业区、独立工矿区、采煤沉陷区、国有林区等困难地区的支持力度。制定东北地区产业发展指导目录，设立东北振兴产业投资基金。国家重大生产力布局特别是战略性新兴产业布局重点向东北地区倾斜。支持城区老工业区和独立工矿区开展城镇低效用地再开发和工矿废弃地复垦利用。

（2）北京政策

北京市人民政府于 2014 年发布的《关于推进首钢老工业区改造调整和建设发展的意见》中关于资金的政策如下：

1）创新融资模式

设立产业投资基金，吸引社会资本，扩大基金规模，创新基金管理和运营模式，支持首钢老工业区建设发展。支持首钢总公司开展资产证券化、房地产信托投资基金等金融创新业务，充分利用股权投资基金、企业债、中期票据、短期票据和项目收益性票据等融资工具，进行多种渠道融资。

积极争取国家发展改革委安排的城区老工业区搬迁改造专项资金，以及国务院有关部门安排的产业发展、市政基础设施和公共服务设施建设、污染治理等专项资金，支持首钢老工业区改造调整和建设。按照现行体制及政策，进一步加大市政府固定资产投资倾斜力度，优先支持区域重大基础设施和社会公共服务设施建设，安排国家专项资金配套投资。积极利用市相关部门设立的科技、文化等产业专项资金，加大对首钢老工业区改造调整和建设的支持力度。

2）加大合作招商选资引资力度

区政府落实招商选资引资主体责任，充分利用国家和本市各类试点政策，创建良好区域发展软环境，做好资本、人才双引进工作。首钢总公司积极引进符合未来产业发展需求的人才队伍，加强职业教育培训和转岗人员再就业培训，定向培养专业技能人才。加强区企合作，鼓励相关区政府与首钢总公司搭建联合招商平台，创新招商选资引智模式，积极吸引社会投资。市区相关部门落实好国家和本市相关政策，研究建立区企利益共享机制，做好各类市场主体投资服务，实现合作共赢。

3.3 首钢风貌保护

3.3.1 凝练风貌特色

首钢地区地处长安街西延线与永定河的交汇处，依傍永定河、石景山等精华山水资源，通过空间织补使首钢园区呈现新旧交织、山水交融的城市风貌。2015 年 10 月底，中国工程院六位院士结合《首钢园区城市风貌研究课题》工作提出，首钢园区应成为展示中国建筑特色，彰显文化自尊、自信、自强的和谐宜居之都示范区。

建设良好生态环境与工业遗存景观并重的首钢风貌区。"环境绿颜值"可以呈现园区绿色空间的现况及未来指引；"遗存素颜值"是以遗存价值对所有既存建筑进行的量化评定；"新建匹配值"则是对未来新建建筑与既有建筑匹配程度的量化评定。综合评价体系最终以星级来评定首钢园区的"建筑棕颜值"。

未来首钢重点营造高炉雄风、石景山色、绿色长安、永定河滨、钢筋铁骨和高情远韵"首钢六颜"，形成首钢园区的六处标志性景观片区。高炉雄风、石景山色是工业遗存的核心景观，绿色长安、永定河滨是主要绿色空间骨架，钢筋铁骨和高情远韵是城市功能区的重要标识（图 3-6）。

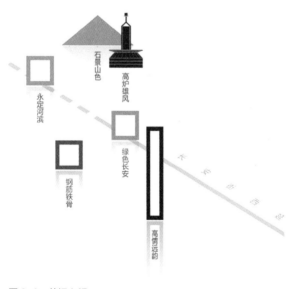

图 3-6 首钢六颜

3.3.2 整体系统保护

（1）实现空间立体性和平面协调性的整体风貌管控

风貌引导将规划、建筑、景观的设计工作连接为一体，统筹自然、经济、社会、文化多方面关系，确保首钢风貌在更新改造中的全面性、协调性和可持续性，营造"看得见山，望得见水，记得住首钢"的特色风貌。

（2）建立从宏观到微观的系统性风貌管控

风貌引导包括首钢园区风貌构想、风貌评价与指引、风貌实践与示范三个方面。宏观研究形成中观、微观研究的理论背景和前提条件；中观研究既是宏观规划在不同片区建筑尺度的总体原则，又是微观设计的区域控制要求；微观研究结果由宏观、中观研究推导而来，又形成对宏观、中观研究的具体支撑；三个层面研究层次分明且互为一体。

（3）探索城市棕地风貌保护新路径

立足于对现有城市棕地的积极保护利用和生态环境的整体建设，探索城市棕地风貌保护与新建筑融合的设计方法,对新时期城市发展及建筑方针形成指引,对推动区域整体风貌在转型更新中向更高层次发展提供思路和对策。

3.4 规划管控技术

3.4.1 规划协作平台

为进一步支持和服务首钢转型发展,2013 年,北京市规划委员会与首钢总公司签署了《新首钢高端产业综合服务区规划服务和实施框架协议》,搭建首钢规划管理服务和实施工作平台,由北京市城市规划设计研究院作为技术支撑单位,从规划编制服务到具体实施全程提供全方位规划跟踪服务(图 3-7)。

平台对首钢向高端产业综合服务区转型的全过程进行规划跟踪服务。从规划编制、审批、管理服务到具体实施全

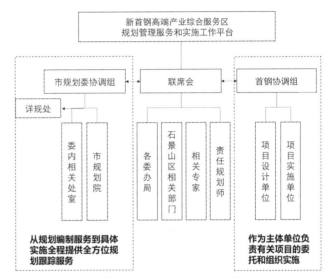

图 3-7 新首钢规划管理服务和实施工作平台示意图

程提供全方位的技术和管理服务,在规划实施过程中跟踪、评估规划编制和实施效果,动态维护规划成果,及时了解、掌握企业实际需求,切实推进和保障重点项目实施和规划理念的落实。

3.4.2 "总—控—行"联动

北京市城市规划设计研究院作为主体规划团队搭建平台,持续跟踪并开展规划设计研究工作,院士专家、国内外知名设计单位在规划设计的不同阶段参与工作,使首钢的总体战略、控规和专项规划、规划实施三个阶段实现了有机配合和无缝衔接,保障了首钢老工业区转型发展目标一以贯之,避免了规划反复调整和久拖不决的"折腾"。在不同的阶段,项目团队不仅解决本阶段的关键问题,并为下一阶段的规划工作留好接口。

在总体战略层面,项目团队开展了战略研究,重在凝聚共识。从 2005 年,先于首钢停产 5 年时间,提前谋划搬迁改造发展战略,开展改造规划、工业资源、污染环境等专题研究,围绕去还是留、拆除还是保护等关键问题汇聚企业、政府和社会共识,保障了首钢停产搬迁工程的顺利实施。

在控规和专项规划层面,重在聚焦复兴理念,引领创新。2010 年首钢停产后,项目团队为推动首钢老工业区复兴开展了首钢控规和综合专项研究,以保护工业遗产、完善城市功能,统筹区域发展为重

心，确立了首钢带动城市与区域转型的综合发展体系，引领首钢老工业区启动艰巨复杂的系统转型。从 2013 年开始，将创新发展理念融入首钢转型与复兴，项目团队围绕创新理念开展绿色生态、城市风貌和城市设计、地下空间等专项研究。通过创新理念、技术、标准、政策解决首钢老工业区改造中的各种难题，支撑首钢逐步实施改造工程，彰显首钢老工业区绿色生态全面转型的发展特色。

在规划实施层面，项目团队"多规合一"，重在精准实施。2015 年，随着冬奥组委落户首钢，首钢长安街以北地区成为老工业区转型先行启动区，规划设计团队和首钢主体以"一张蓝图绘到底"为目标，充分认识了传统规划体系引导规划实施的局限性，并考虑老工业区改造的系统复杂性，主动搭建详细规划层面"多规合一"技术平台和协调管理平台，统筹控规、专项规划、分区深化设计和重点项目设计，横向协调、纵向对接，构建控规图则加详规附则的技术管控体系。通过动态、精细化的技术综合和管理协调工作，保障老工业区转型目标和创新发展理念精准落地。

3.4.3 "多规合一"导则

规划制定"多规合一"规划管控体系，综合控规和十余项专项规划，划定几十项管控空间要素，分为图则、建筑风貌附则、绿色生态附则、地下空间附则、场地设计附则五个部分，将创新理念转化为管控要求落实到地块（图 3-8）。立足首钢规划管理服务和实施工作平台，规划管控关于建筑设计、景观设计、道路设计等深化设计的要求，为管理部门精细化确定规划设计条件和高标准审定设计方案提供了支撑。

图 3-8 一图则四附则

图 3-8　一图则四附则（续 1）

图 3-8 一图则四附则（续2）

在深化方案设计阶段，首钢规划管理服务和实施工作机制以北京市城市规划设计研究院为技术平台，向设计单位提供包括各类相关空间要素的综合管控要求，在设计方案报审之前，由平台中的多专业团队依据图则研提意见，方案修改完善后再提交相关审批部门按照程序进行审批，规划协调平台不断跟进审批方案，以保证后续设计方案的对接。

3.5　运营管理机制

3.5.1　实施主体能力转型

首钢实施搬迁调整和联合重组战略，实现了钢铁产业优化升级，钢铁业形成了 3000 万 t 以上钢铁生产能力，技术装备达到国际一流水平。同时，按照北京市委市政府"首钢要成为传统产业转型发展的一面旗帜，成为具有世界影响力的综合性大型企业集团"的要求，首钢也确定了新的发展战略，即通过打造全新的资本运营平台，实现钢铁和城市综合服务商两大主导产业并重和协同发展。首钢成为北京市唯一一家国企深改综合试点单位，入选国务院国企改革"双百企业"。

通过深化供给侧结构性改革，紧紧围绕城市发展、政府所急、百姓所需等方面积极寻找机遇，强化市场和服务意识，首钢在城市综合服务业领域谋划布局，培育新动能，发展新产业，形成新经济、新业态。以多年发展中积累的大量服务设施建设经验为基础，发挥在钢铁制造领域积累的资源优势，在整合钢铁领域规划设计、研发生产、基础建设、设备制造、自动化控制等产业基础上，首钢积极发展静态交通、能源环保、钢结构装配式建筑、智慧城市、工业智能化、道路设施、军民融合装备创新、文化创意、体育健身等城市服务产业。随着世界单体一次投运规模最大的垃圾焚烧发电厂——首钢生物质能源公司、国内首例静态交通研发示范基地、住房和城乡建设部第一批示范"国家装配式建筑产业基地"等首钢转型发展系列性城市服务产品先后投入运营，转型中的首钢主体及其服务产业和产品在首钢老工业区更新转型发展建设中发挥了重要的支撑引领作用。

同时，在全面深化改革的新形势下，为建设有世界影响力的综合性大型企业集团，首钢打造全新的资本运营平台，坚持产融结合，加强资金管理，运用金融政策，创新金融产品，助力钢铁和城市综合服务商两大主导产业并重和协同发展。北京首钢基金有限公司作为集团产业投资运作平台，积极贯彻产融结合理念、为实体经济服务，逐步发展成为以核心产业为基础的"融资—投资—运营"一体化的新产业投资控股平台。

在特大型城市老工业区更新改造和老工业企业转型发展探索的道路上，首钢集团初步形成了具有首钢特色的城市老工业区更新改造与转型发展的实施模式。

3.5.2　智慧园区建设

首钢智慧园区建设秉承"顶层设计坚持与创新驱动相结合，坚持与开放集成有机结合，坚持统筹规划与分步实施相结合,坚持主体提升与追求效益相结合,坚持首钢特色与对外拓展相结合"五大基本原则,形成具有首钢特色的创新性的智慧城市体系。

(1)总体思路

一是"坚持一张蓝图绘到底",统筹考虑规划、设计、建设和运营,坚持先进性、包容性、开放性原则,避免重复投资和建设;二是坚持智慧园区的功能设计和园区的管理、业务紧密结合,统筹考虑并处理好水、电、燃气、热力、交通等社会化服务和园区内部运营服务的关系,做到无缝衔接;三是坚持智慧园区与园区的整体建设规划同步、实施同步;四是坚持因地制宜,充分利用园区现有构筑物,做好相关基础设施的规划和选址,避免破坏园区整体风貌。

(2)建设内容

根据首钢园区整体开发建设进度,目前智慧园区建设的范围为首钢园区北区,形成"两中心、两张网、四平台和万物联 N 应用"(图 3-9)。

两中心是指首钢园区综合运营指挥服务中心和数据中心;"两张网"是指园区通信网和园区物联网;"四个平台"是指规划建设平台、综合管理平台、产业发展服务平台和公众生活服务平台;万物联 N 应用是利用园区数据资产,通过对数据的智慧发现、创造、运用和消费基础上,以大数据、云计算、互联网、物联网、移动互联网等新一代信息技术为依托,以知识和数据为核心生产要素,提供首钢老工业区需要的数字化、网络化、智能化产品与服务。

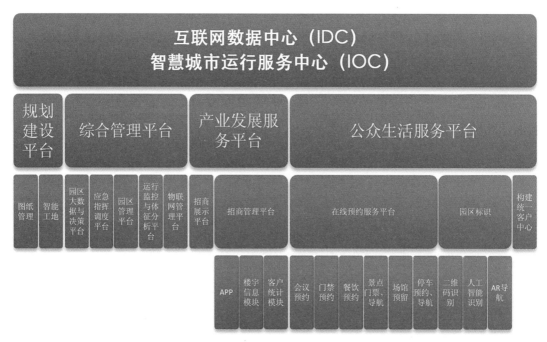

图 3-9 两中心、两张网、四平台和万物联 N 应用示意图

（3）实施进展

2012 年，在《新首钢高端产业综合服务区控制性详细规划》基础上，启动了智慧城市专项规划设计工作。2014 年完成智慧城市顶层设计，申报并成功入围智慧城市第三批试点。截至 2018 年，完成冬训中心、体育场馆及公服配套的数字化、网络化基础设施建设；完成部分综合管廊数字化及网络化建设；完成信息化及会议系统特服服务以及 5G 示范应用一期（全景观赛、无人车直播、园区导览）。智慧园区的建设充分体现了首钢对"打造新时代首都城市复兴新地标"目标的坚持，和对以人为本、城市修补、绿色生态、智慧城市建设理念的落实。

3.6 保障社会稳定发展

3.6.1 精细化分流安置

首钢实施北京地区停产搬迁举世瞩目，不仅关系到首钢职工及其家庭的切身利益，也关系到企业稳定和首都安定。在艰巨复杂的停产搬迁工作过程中，在对待全面停产后的人员分流安置工作方面，首钢公司将其作为维护职工根本利益、促进首钢搬迁调整、维护企业和社会稳定的重大任务。

2010 年首钢北京地区停产涉及 6 万多名职工，在国务院首钢搬迁调整工作协调小组、北京市首钢搬迁协调领导小组、北京市委市政府和石景山区政府的统筹组织下，首钢确定了"骨干有岗位、职工有渠道、分流有政策、安置有秩序"的分流安置工作原则，制定了停产人员分流安置方案及相关配套政策。

分流安置方案的制定对停产涉及单位及岗位人员情况进行分析，摸清每名职工的工作状况、家庭状况、生活状况等，首钢启动"六对六清"工作，了解对接职工个人意向，同时结合企业发展需求、分流安置渠道措施，综合考虑职工队伍基本素质、骨干构成和身体年龄等因素，通过"十个方面的分流渠道"妥善安置好每一名职工，确保北京地区安全稳定停产和尽最大努力安排好每一名职工。

分流渠道的设置综合考虑了"新首钢"管理架构调整下的主厂区转型发展需求、首钢京唐等新项目对生产骨干力量的需求、主厂区更新对服务人员和技术咨询人员的需要，以及对改造建设和设备维护的需求，同时通过组织留守护厂的方式安置大龄体弱、技能单一、因工伤残或家庭困难人员。通过稳步有序、扎实细致的组织工作，首钢在顺利实现停产搬迁的同时，也圆满完成停产职工分流安置的历史使命，在维护首都社会稳定方面发挥了重要作用。

3.6.2 工人再就业

首钢停产后，园区里正常运行的风、水、电气设备等基础设施和安保仍需正常运行，首钢老工业区停下来的资产大约需要 9000 多人看护和维护，首钢成立了园区管理部，帮助职工在环境公司、体育公司、园区服务公司等单位实现内部转岗。一些职工开始在环境公司所属的垃圾处理生物质能源项目、建筑垃圾处理项目工作，一些则进入园区服务公司，投身入驻的冬奥组委地区的安保、保洁工作岗位，一些则在体育公司的篮管中心维护体育设施、运动员宿舍。

2013年7月成立的北京首钢园区综合服务有限公司，肩负安置首钢园区留守职工、带动职工转型发展的重任，经过探索与实践，初步形成以物业、酒店餐饮为主的七个子业务板块，营造生产环境、生活环境和文化环境，随着综合服务能力的不断提升和综合软实力的积累，将成为国内一流的高端园区综合运营服务平台。

企业转型后，首钢各部门组织员工进行职业资格培训，探索转型安置新模式——整建制输出，即将整个作业区的员工整建制进行转型安置。

首钢转型中涌现出一些有代表性的传统产业工人再就业事例。刘博强从炼钢工人转型为制冰师，协助世界冰壶联合会首席制冰师完成首钢冰壶馆的制冰、扫冰工作，为国家冰壶集训队的训练做保障。李红继曾是首钢三高炉的炉前工，负责高炉出铁，停产转型后他成为北京冬奥会和冬残奥会组委会的安保主管，负责保障组委会的顺利运转。姜金玉曾在首钢老工业区工作过20多年，先是从事机加工的操作，而后又做了天车工，停产后在首钢园区服务公司冬奥物业事业部，成功转型为一名冬奥讲解员。冬奥与首钢结缘对于首钢是新的开始，对于转型中的传统工人同样开启了新的篇章（图3-10）。

在首钢从山到海、从"火"到"冰"的跨越中，首钢人也经历了生活环境和职业规划的双重迁徙。他们用人生故事演绎、助力首钢的转型与升级，百年首钢精神在此赓续，首钢人坚韧的钢铁意志不断传承。

图3-10 首钢传统产业工人实现再就业

3.6.3 服务城市治理

首钢在转型过程中也不断探索城市更新治理中的大型国有企业的担当，其服务产业充分利用和发挥首钢自身的产业与资源优势，在社会效益方面提供面向基层社会治理的公共配套服务。

（1）社会养老服务

早在 1999 年首钢就响应职工和社会养老服务的呼声，盘活职工家属区设施改造建设非营利性养老机构，成立石景山区老年福敬老院，面向社会提供养老服务。

停产转型后的首钢积极贯彻落实城市健康养老工作的战略部署，通过参与公建民营养老项目，为居民提供机构、社区、居家养老服务。通过整合集团养老资源，首钢搭建"大型示范项目＋中型品牌机构＋小型特色驿站"互为依托的养老服务体系，发挥首钢医院的医疗资源优势，建立"信息互通、资源共享、医生上下流动、病人双向转诊"的医养结合养老模式，形成完整的老年生活能力评估体系、全面合理的照护计划、有效的安全风险防控措施，为老人提供可靠、安全舒适和标准规范的养老服务。

在开展基础养老服务的同时，首钢通过统筹机构、驿站、社区和志愿者等资源，与社区共同开展党建共建、文化娱乐、精神慰藉、便民服务、教育培训等活动，为社区老人提供健康讲座、居家照护培训、远程医疗保健指导、上门问诊、陪同就医、代取药等服务，不断提高专业化、精细化社会公共服务水平。

截至 2020 年底，首钢养老服务已覆盖石景山区、门头沟区的 30 余个社区，辐射社区和居家老人上万人次，服务人群以京西区域老人为主并辐射全市。首钢连续两年被北京市老龄产业协会授予"社会责任奖"和"安心养老奖"。

（2）静态停车服务

停产后的首钢借力供给侧结构性改革，整合集团内部设计、机械制造、工业自动化控制等优势资源，组建首钢城运公司发展静态交通产业，专注智能立体车库研发、制造，拥有了 6 大类 11 种类型的小汽车机械式立体车库制造资质和安装改造修理资质，以及国内首例公交机械立体车库资质，拥有 36 项专利技术。

为解决市民停车难问题，首钢以立体车库为主打产品的一系列智能停车设备迅速向城市各个角落铺开，利用自身专业优势探索社区停车治理途径，有效缓解社区停车难、乱停车现象。

在石景山区古城环卫楼小区，首钢建设的民用智能停车库首次应用于北京市老旧小区改造示范试点项目中。在项目建设前期，首钢城运公司配备专门负责人加入街道组织的专项调研小组，配合社区和物业管理一起就停车选址问题听取和综合居民意见，详细掌握小区内楼房布局、车位拥有量和机动车数量等信息，反复沟通和修改优化方案，最大限度确保停车库的容车率和存取效率（图 3-11）。

由首钢城运公司和摩拜单车共同打造的智能车吧亮相雄安新区，项目位于雄安市民服务中心，主体功能为立体停车终端和市民休闲服务中心，实现"多种需求，一站满足"，为城市绿色交通的发展提供全方位服务（图 3-12）。

图 3-11　石景山古城环卫楼小区智能停车库

图 3-12　智能车吧

　　首钢着力在产业培育上下功夫，通过拓展产业新领域、探索运作新模式、开创服务新举措，加快城市服务业的发展。

　　首钢的发展始终融于城市，无论是大炼钢铁建设城市的时期，还是转型城市综合服务商的创新发展时期，北京城市赋予首钢生命力的同时，首钢也以新产业、新业态、新模式赋予城市新的活力，在城市更新和社会治理方面积极践行国企的责任与担当。

第4章　首钢北区规划框架

4.1 战略定位

落实北京城市总体规划，紧密围绕首都四个中心战略定位，在长安街西延线首都城市轴线的统领下，与北京城市副中心东西呼应，将新首钢地区打造成为新时代首都城市复兴新地标，成为"传统工业绿色转型升级示范区、京西高端产业创新高地、后工业文化体育创意基地"。

4.1.1 传统工业绿色转型升级示范区

通过新首钢的复兴，探索一条可示范的老工业区全面转型升级发展之路。着力改革创新，从机制体制创新中要动力，创新土地利用模式和规划管理方式，坚持高起点规划、高标准建设、精细化运营，探索适于老工业区存量土地开发利用的新模式。

不仅注重城市结构优化、厂区土地开发等空间目标，更注重污染治理、环境改善、特色风貌和文化传承、社会参与、工人再就业和新产业链构建等全局性目标，处理好历史文化价值与发展的关系，处理好工业企业转型与老工业基地土地开发建设的关系，处理好企业员工群体发展与企业转型发展的关系，让新首钢成为城市、老工业区、企业和"人"全面转型升级的示范区。

4.1.2 京西高端产业创新高地

新首钢的复兴与首都功能提升、中心城区疏解提升的历史进程同频共振，紧密围绕四个中心的战略定位，处理好"舍"与"得"的关系，聚焦数字智能、高精尖科技、科技服务配套等功能，培育产业生态，加强与周边区域的协作和联动发展，成为北京中心城西部高端发展、集约发展和创新发展的增长极。

4.1.3 后工业文化体育创意基地

高水平服务保障冬奥，高标准建设冬奥比赛和训练场馆，为冬奥组委办公、国际交流、媒体中心及其配套服务等提供完善的配套服务功能；提前谋划，用好冬奥遗产。

抓住冬奥契机，积极利用和开发冬奥要素资源，推动体育与科技、传媒、创意等产业融合发展，让新首钢成为奥林匹克运动推动城市发展和老工业区复兴的生动实践。

4.2 新时代首都城市复兴新地标

为紧抓筹办 2022 年北京冬奥会和冬残奥会（简称"北京冬奥会"）重大机遇，全面落实《北京城市总体规划（2016—2035 年）》对新首钢高端产业综合服务区的功能定位，北京市委市政府印发了《加快新首钢高端产业综合服务区发展建设打造新时代首都城市复兴新地标行动计划（2019—2021 年）》，提出加快推进新首钢地区发展建设，打造新时代首都城市复兴新地标，实现首钢老工业区的文化复兴、产业复兴、生态复兴、活力复兴，整体塑造体现新时代高质量发展、城市治理先进理念和大国首都文化自信的新地标。

4.3 空间结构

落实老工业区绿色转型发展理念，彰显首钢工业资源风貌特征和西山永定河文化带的山水特色，在首钢北区规划形成工业文化与自然山水融合交织的"三带五区"空间布局结构（图 4-1）。

（1）"三带"

永定河滨河综合休闲带，借助永定河和石景山的山水文化景观资源，依托多层次的滨河绿色空间，形成综合游憩休闲、生态景观、文化探访为一休的"魅力蓝带"。

城市公共活动休闲带，依托工业遗址公园内规划的公共绿地和内部独具特色的工业资源，聚集文化展示、休闲娱乐、科普教育等公共活动，形成规划区的"活力绿带"。

长安街西延线绿色生态带，作为未来的"门户"区域，空间上连接了东部的老山城市休闲公园、基地内的月季园以及永定河沿岸的滨河绿地，沿长安街形成首钢老工业区特色和绿色生态空间相结合的"生态绿带"。

（2）"五区"

冬奥广场，位于规划区西部，西邻石景山文化景观区，依托大尺度工业遗存和山水景观资源，紧密对接冬奥功能需求，建设以冰雪运动为特色的体育休闲设施，助推国际赛事举办，服务冰雪运动专业训练、推动大众冰雪运动普及, 形成冬奥遗产，该区域将打造为展现工业之美、冬奥之美的冰雪运动

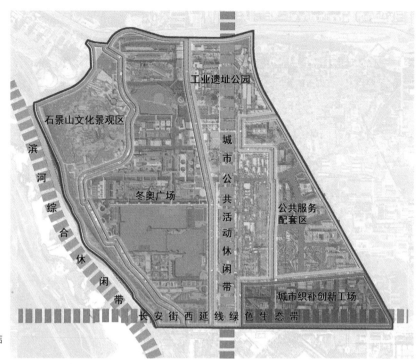

图 4-1　首钢北区空间结构示意图

体验示范区。

首钢工业遗址公园，位于规划区中部，区域东北角邻阜石路一侧，通过对高炉斗仓、除尘器、转运站等工业遗存改造，建设金安桥交通一体化及工业遗存修缮项目。区域中部作为中央绿轴，发挥提升北区整体环境品质作用，景观改造以钢铁生产核心流程工业遗存和长 1.9km、宽 120~300m 的绿轴景观为主体，以绿色生态城市风貌为导向，在丰富的工业资源的基础上融合绿色生态发展理念，成为城市更新的典范。

公共服务配套区，位于规划区东部，作为高端产业及人才服务的配套区已列入全市四个试点区域，建设首都国际人才社区。

城市织补创新工场，南邻长安街西延线，运用"城市织补"理念，以新旧材料对比、新旧空间对比延续首钢"素颜值"工业之美，同时利用邻长安街位置优势，高起点遴选支撑首都科技创新中心、文化中心、国际交往中心的高端产业及业态，优先发展总部经济、金融投资及物联网、人工智能等进入高速发展期的高精尖产业。

石景山文化景观区，位于规划区西北部，山上现存古建筑群已列入文物保护范围。景观改造定位于保留原生态山体风貌特色，挖掘并展示石景山古建筑群的历史文化内涵，打造石景山、永定河融为一体的西部开放空间，以开放的姿态融入城市景观系统，并形成首钢独特的山水生态体系。

4.4 分区实施重点

4.4.1 冬奥广场

冬奥广场片区总占地 99.45hm²，改造后建筑规模 44.82 万 m²。

冬奥广场作为率先启动建设的片区，将创立中国冰雪运动示范基地，助力 2022 年北京冬奥会成功举办，依托大尺度工业遗存和山水景观资源，建设展现工业之美、冬奥之美的绿色生态区。群明湖的改造利用也将成为面向首都市民的群众性冰雪活动特色场所，丰富城市文化体育生活。

利用群明湖、秀池景观环境，建设、运营冬奥会"单板跳台"等赛事项目；设计对原有建筑给予最大限度的保留，针灸式地以新建体量进行织补。保留具有特殊历史价值的五一剧场和软化水车间，周边围绕办公与居住混合的合院建筑；应国家体育总局需求，将精煤车间等大跨度工业遗存改造为速滑、花滑、冰壶、冰球训练馆，并配套公寓及康复中心，兼具商业化运营；将冷却塔改造为极限运动体验、特色酒店等。使冬奥广场两湖区域成为以冰雪项目为主要特色的功能齐备的文体休闲、体验区（图 4-2、图 4-3）。

图 4-2 冬奥广场效果图

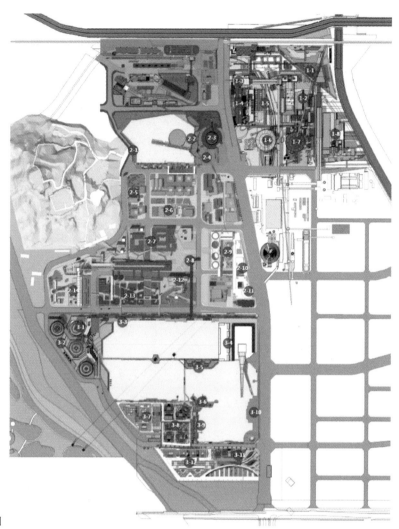

图 4-3　冬奥广场平面分析图

4.4.2　首钢工业遗址公园

　　首钢工业遗址公园片区占地 71.67hm^2，改造后建筑规模 8.93 万 m^2。

　　首钢工业遗址公园以绿色之路、工业之路、空中观景之路、生态修复之路、灯光之路、艺术之路共同组成首钢中央工业遗址公园体系（图 4-4、图 4-5）。

　　绿色之路体现环境友好、生态修复、自然原生的景观环境体验；工业之路通过保留工业项目遗址、雕塑和修缮、梳理保留建筑等手法，展示每一代首钢生产者及生产设备的记忆和价值的体验；空中观景之路在工业场所融入现代生活，增设观景之路与工业文明发生互动体验；生态修复之路结合污染治理、环境保护、海绵城市、节能减排等生态理念，展示生态修复公园对整个地区生态及环境的影响；灯光之路增加灯光给人的体验，对首钢内地标性工业遗迹、建筑、设备、空中走廊及近人尺度进行分层次设计，

图4-4 首钢工业遗址公园效果图

1	脱硫车间水广场	35	初冷器
2	广东门入口广场	36	北熄焦塔
3	首钢厂东门	37	1号焦炉
4	内向花园	38	高炉烟囱
5	脱硫烟囱观景平台	39	首钢小火车站
6	景观主干路	40	主控室
7	风雨长廊	41	高炉
8	主题花园	42	景观平台
9	脱硫车间办公楼	43	服务配套用房
10	北广场	44	草坪广场
11	晾水池东路	45	青少年艺术活动中心
12	南熄焦塔	46	艺术工作室
13	4号、5号焦炉	47	服务接待大厅
14	焦炉烟囱	48	日伪基座
15	遗址花园（污染治理）	49	大型活动中心
16	初冷器	50	水系广场
17	鼓风机房	51	丝带桥
18	四冷罐	52	管廊桥
19	设备房	53	长安街大桥
20	推焦机	54	煤仓停车楼
21	微生物岛（污染治理）	55	污染治理信息展示中心
22	中央双烟囱	56	转运站空中连廊
23	3号焦炉	57	煤场修复公园
24	硫罐区	58	立体绿化雕塑花园
25	脱苯塔	59	煤仓艺术中心
26	首钢小火车	60	露天广场
27	储藏罐	61	煤仓
28	综合水泵房	62	水处理中心
29	曝气池	63	二烧结车间
30	罐区花园（污染治理）	64	停车楼
31	鼓风机房	65	特色修复花园
32	仓库	66	焦池修复花园
33	料仓	67	植物花园
34	电捕焦油器		

图4-5 首钢工业遗址公园平面分析图

结合艺术、科技、智能进行照明设计。

　　对污染土的治理是首钢工业遗址公园的重要任务，采用异位热脱附、原位热脱附、原位燃气热脱附、原位化学氧化、土壤阻隔等综合污染治理手段，并在焦化厂绿轴场地内设计展示中心，在展示区内充分融入环保、绿色、科技等理念，增强公众的环保意识。

4.4.3　城市织补创新工场

　　城市织补创新工场总占地约 31.4hm^2，改造后建筑规模约 61.04 万 m^2。

　　对"城市织补"的设计策略进行深入探索，以顺势而为、相辅相成、穿插叠加等方式协调新旧建筑风貌，注重区域整体风貌的历史延续性，保留部分厂房结构、排架柱等标志性构件，提炼工业建筑典型元素作为公共空间的构成语汇，延续老首钢"素颜值"的工业之美。

　　新增建筑裙房和原有厂房体量相呼应，形式上采用平坡结合、退台和屋顶花园结合的设计手段，将新建筑和原有工业环境有机融合。建筑材料上使用和工业遗存相近的具有工业气息的材质，通过立面模数化和预制化的设计，使整体气质和老首钢的"棕颜值"相辅相成。

　　作为首钢 C40 正气候项目的试点区，设计整合绿色基建、绿色建筑、生态景观，形成由屋顶花园及空中慢行交通绿带、地面下凹绿地及雨水花园、地下一层下沉庭院于一体的立体景观体系，竖向层次、游览路径与视线联系紧密结合，构建多层连通、彼此相融的小尺度特色街区（图 4-6）。

图 4-6　城市织补创新工场效果图

4.4.4 公共服务配套区

公共服务配套区总占地约 39.22hm²，建筑规模约 63.94 万 m²。

对接国家"千人计划"和北京市"海聚工程"等各类人才计划，吸引全球高端创新人才，打造国际人才社区，加快形成支撑转型发展的新动能。

设计充分利用轨道交通条件，形成由地面道路、与地铁连通的地下步行线路、与北区整体衔接的空中步道共同组成的立体步行系统；利用首钢工业遗存特色，保留烧结厂房等特色厂房，引入新的功能，完善区域配套的同时以首钢工业文化特色对接国家人才计划；创造环保型、智慧型的新型人才社区，与城市功能核心区、科技创新中心核心区密集的资源优势有机衔接（图 4-7）。

4.4.5 石景山文化景观区

石景山景观公园片区占地 49.24hm²，改造后建筑规模 3.67 万 m²。

图 4-7 公共服务配套区效果图

石景山景观公园位于永定河东岸，山势形成河道出山的咽喉，是首钢老工业区生态链上的重要一环。首钢自1919年创建起就与石景山建立了不可分割的联系，山上的宗教建筑与首钢特征鲜明的工业建（构）筑物一起，形成了多元复合、有机共存的完整系统。石景山作为唯一山体，成为老工业区整体风貌的异质性类型。

针对区域现状的封闭性，充分考虑与西山永定河生态走廊的景观衔接与空间关系，在"圆通"理念的统筹下，总体布局划分为六大区域，结合现状条件赋予不同的功能定位和景观主题，共同营造区域活力开放的新形象。尊重历史文脉及场地现状特征，种植上考虑山区土壤瘠薄的客观条件，保持以灌木为主、乔木为辅的山林风貌，适度丰富群落组成、补充林冠线，对采石迹地和陡坎区域进行植被修复，重要节点赋予意境并进行种植设计；引入悬空栈道的观景路径，同时与地下人防参观游线结合，形成立体多层次的游览体验；水文上依靠山势地形，形成层次丰富的雨水景观，同时将原工业水池改建为储水设施，成为景观营造的有机组成部分（图4-8、图4-9）。

图4-8　远眺石景山

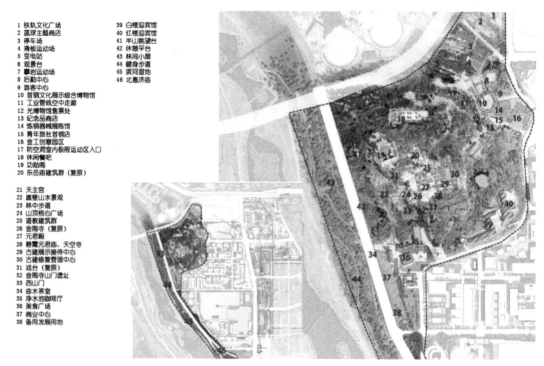

1 铁轨文化广场
2 篮球主题商店
3 停车场
4 滑板运动场
5 变电站
6 观景台
7 攀岩运动场
8 后勤中心
9 游客中心
10 首钢文化展示综合博物馆
11 工业管栈空中走廊
12 光博物馆售景处
13 纪念品商店
14 炼钢器械展陈馆
15 青年旅社首钢店
16 金工创园区
17 防空洞室内极限运动区入口
18 休闲餐吧
19 功勋阁
20 东岳庙建筑群（复原）

21 天主宫
22 崖壁山水景观
23 林中步道
24 山顶核心广场
25 道教建筑群
26 金阁寺（复原）
27 元君殿
28 碧霞元君庙、天空寺
29 古建展示接待中心
30 古建修复管理中心
31 戏台（复原）
32 金阁寺山门遗址
33 西山门
34 曲水茶室
35 净水池咖啡厅
36 美食广场
37 商业中心
38 备用发展用地

39 白楼迎宾馆
40 红楼迎宾馆
41 半山眺望台
42 休憩平台
43 林间小屋
44 健身步道
45 滨河湿地
46 北惠济庙

图 4-9　石景山文化景观区总平面分析图

4.5 带动京西区域转型发展

着眼于区域发展，加强"三区一厂"统筹协调。通过新首钢地区复兴，带动京西发展转型，增加京西人民的获得感。将新首钢地区及周边其他 6 个城市功能区划为新首钢协作发展区，总面积 22.3km²。协作发展区包括新首钢地区（7.8km²，主要为首钢主厂区用地），特钢和北辛安地区（2.3km²，包含首钢特钢厂区用地），首钢二通地区（1.8km²，主要为首钢二通厂区用地），首钢一耐地区（1.6km²，主要包括首钢第一耐火材料厂区用地），丰台长辛店生态城（5km²），门头沟滨河生态区（3.4km²），石景山京西商务中心区（0.4km²）（图 4-10）。

4.5.1 建设永定河国家湿地公园

加强协作发展区各功能区的生态建设协作。以永定河为基础，整合石景山区、丰台区和门头沟区的滨河公园绿地，"三区一厂"协作建设 14.5km² 的永定河国家湿地公园，范围内包括首钢永定河滨河公园、白庙料场公园、石景山文化景观区、群明湖和秀池、南大荒湿地、衙门口文化公园、莲石湖湿地公园，以及永定河西岸的园博园、鹰山森林公园、门城滨河森林公园等（图 4-11）。

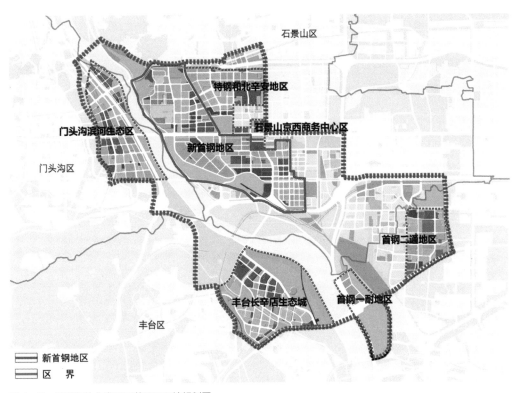

图 4-10　新首钢协作发展区范围及用地规划图

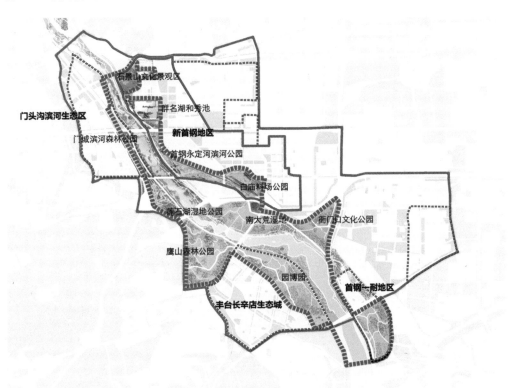

图 4-11　永定河国家湿地公园范围

4.5.2 区域基础设施互联互通

建设"四横三纵"的路网和六条轨道线，加强新首钢协作区的基础设施贯通。"四横"为东西向交通廊道，包括阜石路、莲石路、梅市口路—园博园南路、长安街西延线（图4-12）。"三纵"为南北向交通廊道，为六环路、古城大街—园博大道、五环路。规划M11、R1（远景线）、M26、M6、M14、M1等轨道交通线，在协作区内部形成东西向公共交通走廊，以上交通走廊通过玉泉路线（远景线）实现南北贯通。

4.5.3 促进区域职住均衡

新首钢协作发展区以产业更新带动实现京西地区职住平衡，解决首钢停产后"职少住多"的问题，

图4-12 长安街西延线新首钢大桥

缓解京西地区与中心城其他地区的交通拥堵状况。职住统筹区域包括新首钢协作发展区及其周边 8km
辐射范围（机动车通行时间约半小时）的门头沟新城（不含滨河地区）、五里坨 / 三家店地区、石景山
苹果园和鲁谷地区、丰台大灰厂地区、玉泉路周边地区（图 4-13）。

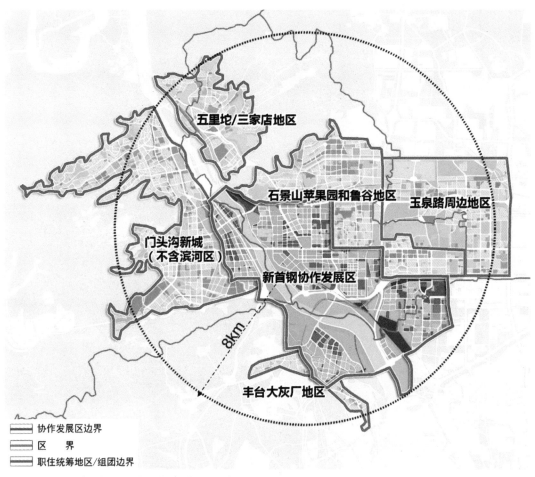

图 4-13　新首钢协作发展区及辐射范围职住均衡示意图

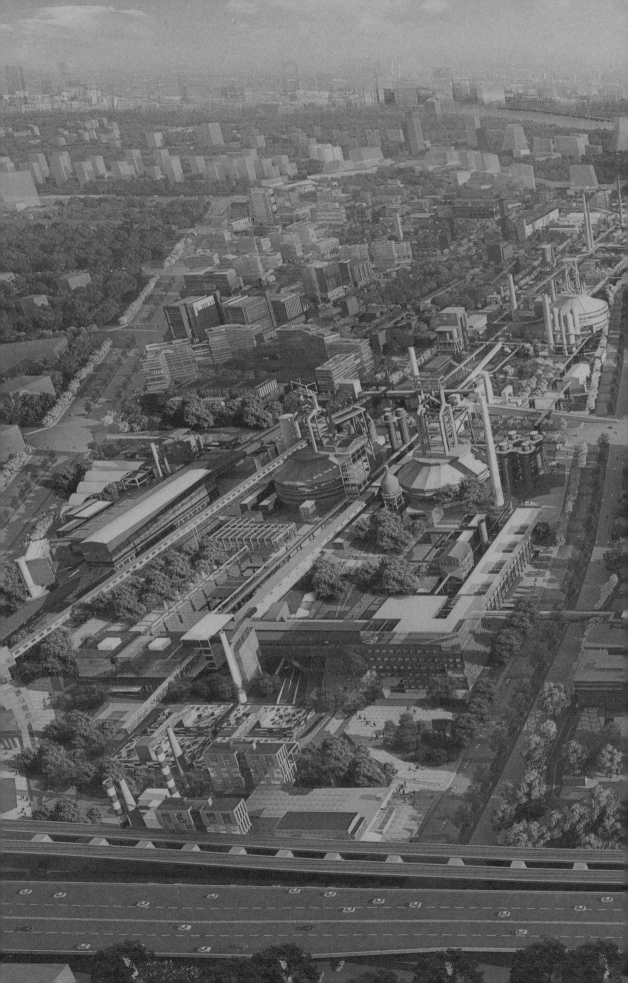

下篇 复兴·规划实施

第5章 文化复兴：保护工业遗存，
重塑特色景观

推进文化融合传承，实现文化复兴。按照工业遗存能保则保、能用则用、分区分类、保用结合的原则，对首钢老工业文化脉络进行保护，传承山、水、工业遗存特色景观体系，形成整体特色风貌。通过培育品牌文化活动，引入顶尖文化团队，打造西部山、水、冬奥、工业遗存融合创新的典范。

5.1 城市修补，营造场地魅力

5.1.1 三高炉博物馆

（1）项目概况和前期思考

三高炉博物馆项目北起秀池北路，南至秀池南路，西至热电厂路，东至晾水池东路（图5-1）。项目占地面积约 2.53hm²，总建筑面积 1.44 万 m²，其中高炉本体面积 0.66 万 m²，附属建筑面积 0.77 万 m²（图 5-1）。

首钢的城市更新是中国进入后工业时代的历史抉择，是产业转型的城市更新示范区，如何唤醒城市活力并重塑场所精神，成为设计面对的核心社会问题。

首钢炼铁厂三高炉通过改造将变身为一座现代化的博物馆，这座拥有厚重工业历史的遗址将以博物馆的形式继续向世人讲述自己的故事。三高炉有效容积达 0.25 万 m²，如此大型的工业构筑物改造为民用建筑物，国内外尚无先例。设计提出了静态保护和动态再生的战略，同时适度处理工业遗迹，并保存了土地独特的城市记忆（图 5-2、图 5-3）。

（2）原使用功能

中华人民共和国成立后的首钢名为"石景山钢铁厂"（图5-4），1957 年国务院批准首钢进行大规模扩建。1958 年 5 月 28 日，三高炉建设等工程全面开工；1959 年 5 月 22 日，三高炉竣工投产。这座高炉一直生产到 1970 年 2 月才进行大修，大修周期达 11 年之久，成为首钢大修首破 10 年纪录的第一

图 5-1　三高炉博物馆项目
范围图

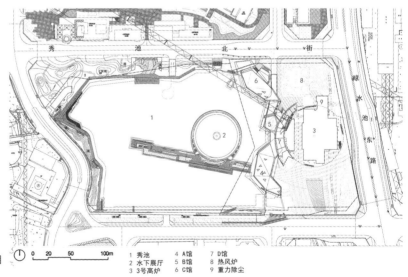

图 5-2　三高炉博物馆项目
总平面图

座高炉。当时拆炉时发现，12 层综合炉底仅有不到 6 层被侵蚀，下面 6 层完好无损，11 年才侵蚀不到 50%，这在高炉冶炼史上也是罕见的，施工质量堪称一流。

　　高炉炼铁是现代炼铁的主要方法，炼铁工艺是将铁矿石、焦炭等其他原料按比例自高炉炉顶装入高炉，并由热风炉在高炉下部沿炉周围的风口向高炉内鼓入热风助燃。高温下碳同氧生成一氧化碳和氢气，与下降的炉料相遇发生传热、还原、熔化、脱碳作用生成生铁，铁水自出铁场排出装入铁水罐，送往炼钢厂。

图 5-3　首钢三高炉雄姿

三高炉改造设计中对炼铁流程的核心部分如高炉本体、热风炉、重力除尘、鱼雷罐车等都做了保留，并且最大限度保留了高炉的原有结构和外部风貌，以三高炉为载体，对百年首钢工业印记进行展示和传承。

（3）改造后使用功能

高炉本体西侧原三层主控室被拆除，打通了高炉与水面的有效互动。沿秀池东岸以缝合的姿态加建三座"丘陵式"地景化附属建筑 A、B、C 馆（图 5-5），其功能由南向北分别为 A 馆学术报告厅、临时展厅，B 馆临时展厅及纪念品销售，C 馆配套餐饮，三座附属建筑均能在高炉主体功能关闭时独立对外运营，确保为开放后的"工业大院"提供城市活力支撑。环绕高炉本体设置 D 馆序厅，该序厅承接主门厅、水下展厅交通转换厅和接入 9.7m 展厅的重要衔接功能。

高炉本体结构为环绕炼铁炉心的四梁八柱承托起来的 80m 直径环形铸铁厂，结合 0.0m 运铁通道及炉基层（运铁火车及鱼雷罐车通行平面）、9.7m 出铁厂平台层（炼铁的主要工作面）、13.6m 环形走台层设计植入了博物馆主要展陈空间：一层高大空间为创意书店和基础展陈层，9.7m 二层为常设展陈空间

图 5-4 原石景山钢铁厂

图 5-5　秀池南侧看三高炉 A、B、C 馆

图 5-6　更新后的热风炉电梯和检修楼梯（左）以及热风炉电梯和检修楼梯细部（右）

图 5-7　三高炉 Q5 通廊西望秀池及石景山
图片来源：王栋

和两个极具特色的以高炉为背景的城市展厅秀场。

高炉巨大的圆锥台形罩棚顶标高 43m，结合更新后的原热风炉电梯（图 5-6）和凌空架设的 Q5 通廊，43m 的罩棚顶平台成为远眺石景山俯瞰秀池的第一制高点平台（图 5-7）。通过接力电梯，可达 72m 炉顶平台，作为更高一层观景平台拥有绝佳的 360° 园区环眺景致，同时结合原 50t 天车检修梁植入了透明玻璃栈台，成为京城又一高空览胜的打卡胜地（图 5-8）。

（4）方案介绍

项目基地最突出的特质就是"极度工业"与"极度自然"二元并置的风貌特征，在三高炉所在的较大范围，三组高炉东西向的巨型阵列布局、由供料储料区改造建成的冬奥组委办公区、由转运和储渣区改造的金安桥片区共同形成了工业复杂巨系统的超级工业风貌，晾水池和秀池、石景山、永定河和西山山麓共同构成的超级自然风貌在三高炉这一特殊空间点位交汇，形成了强烈视觉意象冲突。因此，在设计中表达"工业"与"自然"的二元对话，成了一种水到渠成的原初理念（图 5-9）。

高炉本体作为炼铁工艺最复杂、最具特征性的工业构筑物，设计本着尊重遗存本体量体裁衣的思路展开工作。"封存旧、拆除余、织补新"作为设计核心策略，基于谨慎面对工业遗存的动态保护，充满敬畏地挖掘基地馈赠的文化基因，融入城市纹理，激发城市活力。

项目紧邻的秀池南街西高东低，令秀池驳岸呈现出"悬湖"特征，A、B、C 三个附属馆以"丘陵式"地景建筑的方式缝合了东西驳岸的高差（图 5-10），巨大的灰空间三角形柱廊和大台阶引导人流通向现状保留分仓坝的柳堤，并逐级而下沿着"正负鹦鹉螺参观动线"（图 5-11）中"负螺旋线"进入水下展厅，展厅内静水院回望高炉则成就了"工业"与"自然"的精确隔空对话。

图 5-65 凌令炉俯瞰三高炉
图片来源：卫炼

图5-9　"工业"与"自然"的对话

图 5-10 A、B、C 三个附属馆缝合了东西驳岸的高差

图 5-11 正负鹦鹉螺参观动线
图片来源：王栋

图 5-12   三高炉附属 D 馆序厅主入口
图片来源：黄临海

环绕高炉西侧的 D 馆序厅提供了从南广场 0.0m 标高一路攀爬上行直达 9.7m 标高出铁厂平台的重要通径，巨大的空腹钢桁架弧形构架如巨龙般附着在高炉本体的西侧，内部提供了漂浮于基地面的蜿蜒长梯，脚下铺砌的材料选择了高炉炼铁矿石和水渣混搭的材料，结合桁架、梯台营造了矿山矿床与巷道的意象，西侧面向秀池玻璃面上渐变孔距的长圆形穿孔遮阳板在体台上留下退晕状的光影，拉长了梯台的时空感，也令向上的攀爬充满了期待感（图 5-12、图 5-13）。

高炉 9.7m 出铁厂平台作为生产周期内最重要的工艺平台，汇聚了大量工艺遗存，高炉本体、铁口渣口、铁钩渣沟、泥炮、开口机、摆动溜槽、除尘罩、风口以各种小控制室，不一而足。13.6m 参观环桥下西侧设置了新月形展陈空间，主要展陈及后场功能均布局于此。东部出铁厂环桥下未设室内展陈空间，而选择了以开放式可进入场所的"工业考古"方式带参观者零距离接触工业遗存的沧桑与厚重，身临其境地建构与社会主义工业化热火朝天的生产空间的时空通感，成为一座可以"进入"的"遗址"。展陈部分设计植入不同历史生产时期的工作场景，以一种和生产中的首钢人工作日常相关联的方式呈现出一种"考现学"的空间叙事文本（图 5-14）。

13.6m 环桥和 9.7m 新月形展陈空间依托高炉围合的半室外空间，为博物馆呈现之外的各种活动和发布提供了弹性空间，2018 年 11 月 23—24 日，奔驰长轴距 A 级轿车在此举办了中国上市首发盛典，呈现了工业遗存更新再利用的一种崭新思路（图 5-15）。

依循"正负鹦鹉螺参观动线"中"正螺旋线"乘电梯来到标高 41.3m 高炉罩棚顶的环形观光区，热

图 5-13　漂浮于基地面的蜿蜒长梯
图片来源：林半野

图 5-14　9.7m 出铁厂平台
图片来源：王栋

图 5-15　奔驰长轴距 A 级轿车发布会

图 5-16　三高炉 72m 玻璃平台

图 5-17　俯瞰三高炉 72m 玻璃平台
图片来源：王栋

风炉炉顶平台和高炉罩棚顶西向的观光平台为登高远眺园区各个方向风景以及与石景山、永定河隔空对话提供了绝佳的场所。乘电梯来到标高 72m 的炉顶平台，西侧进料皮带通廊如时空隧道般连接了冬奥广场国际会议中心迎宾大厅，东侧原载荷 50t 天车梁一端被置入玻璃栈台，除登高览胜的工业旅游之外，未来也必将成为首都一处最炫酷的空中秀场。而在这里，自高炉回望秀池，石景山则成就了"工业"与"自然"的又一隔空对话（图 5-16、图 5-17）。

由此，三高炉不再是一座宏大封闭园区内单一生产铁水的钢铁巨构，而是面向城市展开怀抱的积极空间，它是一座铭记首钢百年历史荣光的工业建筑，是一座炼铁工艺的科普基地，是一个当代艺术和工业遗存结合的圣殿。它是一座立体都市，空中的每一层工艺平台都会转化为三维空间中的街道、广场、院落和都市舞台。

"战天斗地敢为天下先"的首钢人，作为一个独特的二产群体，他们对这块土地炙热的情感很少被倾诉被熟知，它们是流淌在脉管里的、埋藏在内心深处的。想了解"首钢人"这样一个群体，最佳方式莫如折叠时空走进那个铁水奔涌的场景，用自己的内心去感知那份深沉的情感。通过三高炉博物馆这一多维度的历史切片集合，以人本的视角，通过浸入式的方式带领观众进入高炉内部，审视特定时代的工业遗存和它所承载的集体记忆，建构曾经峥嵘岁月的时空通感，通过空间和展陈个体叙事的微观而具象的层面，在探究以首钢为代表的中国宏大的城市发展转型之路的同时，通过这座建筑向每一位朴素首钢人真诚致敬、向首钢百年伟大变革和华丽转身致敬。

（5）项目创新点

1）策略创新

三高炉博物馆项目设计采取了静态保护和动态更新相结合的策略。"封存旧"，谦恭对待工业遗存，保存专属于土地的城市集体记忆；"拆除余"，谨慎拆解不必要的构筑，打开工业与自然对话的通廊；"织补新"，塑造公共空间叠合不同场所，置入功能激发活力，成长为城市生活的崭新组成部分。纵观国际国内相关案例，多数为单一采用一种更新策略，或偏于静态保护以工业遗址公园形态存在，或动态更新变身为工业风嘉年华。三高炉项目适度静态保护留存了项目的历史信息，同时局部动态更新植入了更积极的城市功能，令项目保持了遗存更新中很好的"适度"原则。

2）盲点探索

项目作为全国第一座炼铁高炉工业构筑物改造民用建筑的案例，填补了该领域的一个空白。其中关于消防认定也通过大量的研究模拟和专家论证，最终确定仅转换利用 13.6m 以下的两层以混凝土屋盖覆盖的部分空间，其上空间作为异形屋盖认定，即认定为低多层民用建筑，从而避免了高区防火涂料全覆盖带来的工业遗存风貌消失的问题，在遗产保护与再生利用间找到了良性的平衡点。

本着节地节材综合利用的原则，项目尝试对原工业晾水池的大型水域地下空间进行再利用，以解决连续工业遗存保留区域停车困难的世界性难题。设计结合水域中区难以疏散的难题创新性提出"安全疏散环"概念，通过该空间的特殊设计满足了耐火极限、疏散宽度、开敞排烟和水域界面连续性等问题，变不利为有利，达成了较好的建筑空间美学效应和集约空间利用的社会效应。

3）工艺创新

三高炉项目较好解决了钢铁构件的除锈与耐候涂装问题，基本做到了既保存遗存历史信息又进行适度涂装保护，保证其在后续民用运营中的持续耐候性。

对于钢铁构件面层，原有漆面大面积剥落及表层的锈蚀是时间流逝的印记。为保持立面表皮的历史信息，施工将除锈处理等级从 ST3 级降到 ST2[①]，改变 500kg/cm^2 的高压水枪冲洗，最终选择了 300 kg/cm^2 的水压，既可以除污除尘，又打落漆面剥壳，结合局部手动清除不会对底漆造成过大破坏，做到了历史信息的维持和保存。

同时，鉴于大量工业遗存钢铁构件采用普通漆涂装带来的遗存风貌缺失的问题，三高炉项目设计团队和首钢技术研究院研究团队进行了油漆的反复组分调整和打样过程，在经过长达十个月的探索性试验之后，团队最终选择了一种具有 90% 透明度以及 10% 反光率的树脂漆作为防锈处理的罩面剂，该漆一方面能够阻止钢铁的进一步锈蚀，另一方面保持了原有漆面的色彩甚至锈蚀痕迹，将时间的烙印完美封存在其表皮。

4）工业性到城市性的转变

高炉本体大量原有工艺空间被释放为城市展厅。炉体罩棚内标高不同的四个检修平台和原有出铁场平台作为核心空间体验场，提供震撼的工业遗址体验。罩棚外部的六个检修平台则充分提供人和自然及城市的互动空间，再造这片土地上不曾拥有的城市活动。空中吧台、秀场、新品发布展示、科普教育、社群交往、文化舞台在空中呈现。工艺需求的高空平台呈现出强烈的多维度立体城市意味，多样化的城市行为通过多股动线和原有构筑物有机交织为一体，令工业性最终转化为城市性。三高炉博物馆的都市针灸式更新，是由点及面的城市生活和园区活力的再造。

---

① ST2、ST3 指工业手工机械除锈的等级标准。ST2 指彻底手工和动力工具除锈，钢材表面没有可见油脂和污垢，没有附着不牢的氧化皮、铁锈或油漆涂层等附着物。ST3 指非常彻底手工和动力工具除锈，钢材表面应无可见油脂和污垢，并且无附着不牢的铁锈、氧化皮或油漆涂层等，并且比 ST2 除锈更彻底，底材显露部分的表面有金属光泽。

5.1.2 西十冬奥广场

（1）项目概况和前期思考

西十冬奥广场项目北起阜石路，南至秀池北街，西起秀池西路，东到晾水池东路，距离地铁金安桥站约 0.5km。项目占地面积约 7.7hm²，总建筑面积约 10 万 m²（图 5-18）。

项目改造是典型的"旧瓶装新酒"，设计希望通过"忠实的保留"和"谨慎的加建"，呈现静态保护和动态更新相结合的策略，被淘汰的传统工业空间因设计的介入被激发出更大的使用潜能，将工业遗存变成崭新的办公园区，赋予建筑第二次生命。

设计在尊重原有工业遗存风貌的基础上进行功能改造与空间更新，以新旧材料对比、新旧空间对比完美延续老首钢"素颜值"的工业之美，工业遗存与现代元素相融合，让原本的"炼铁料场、筒仓"变身为具有独特风貌的"办公空间"。采用"织补""链接"和"缝合"的设计手法，重新以人作为本体梳理了建（构）筑物的空间尺度关系。设计尽力保留工业遗存的态度，为尊重历史、发掘工业遗存价值奠定了良性的基调。

（2）原使用功能

西十冬奥广场所在区域原为西十料场，是民国时期龙烟铁矿公司从龙关和烟囱山运输铁矿石的卸料场，该段铁路在当时火车运输系统中编组为西十线。整个区域在首钢未停产时服务于高炉炼铁的物料存储。区域内包含筒仓、料仓、转运站、除尘、联合泵站、空压机站、返矿仓等工业设施（图 5-19）。2016 年 3 月，北京市政府确定北京 2022 年冬奥组委办公区选址落户首钢，将这块用地改造为冬奥组委办公园区，更名为西十冬奥广场（图 5-20）。

图 5-18 西十冬奥广场项目范围图

图 5-19　首钢老工业区内西十筒仓区域原貌（从西南方向视角）

图 5-20　西十冬奥广场改造后（自东南向西北视角）
图片来源：第三届"首建投"杯魅力园区主题摄影大赛征集作品（下）

（3）改造后使用功能

项目包含 12 个建筑单体子项：1~6 号筒仓，一炉料仓，N1-2 转运站，N3-3 转运站，N3-2 转运站，N3-17 转运站，一炉原料主控室，一、三高炉联合泵站，停车设施，员工餐厅，空压机站及返矿仓，其中员工餐厅与停车设施为新建部分，其他子项均为利用老工业厂房改造建设，主要使用功能为办公、会议及其配套服务设施。

筒仓及料仓是首钢钢铁生产环节的第一道工序，主要用于存储炼铁原料如铁矿、球团、焦炭等，改造后作为区域办公及健身配套使用；转运站原使用功能为物料筛分及通廊支撑，向高炉输送源源不断的矿料用于炼铁，改造后功能为办公及会议使用；联合泵站在生产时主要为高炉提供冷却水，服务于炼铁工艺，改造后成为区域的新闻中心、展示中心及办公配套；空压机站及返矿仓在生产时主要用于空气加压，将物料吹入高炉，为高炉炼铁服务，改造后成为区域配套住宿和餐饮设施。

（4）方案介绍

设计中尽力保留工业遗存的态度，为尊重历史、发掘工业遗存价值，采用"织补""链接"和"缝合"的设计手法，重新以人作为本体梳理了建（构）筑物的空间尺度关系。留住区域特有的地域环境、文化特色和建筑风格，使首钢园区呈现出新旧交织、山水交融、整体存在的城市风貌（图 5-21）。

1）尊重工业遗存

要想保留原有遗存的混凝土和钢框架，就必须不破坏其自身的结构强度。设计把原有结构空间作为主要功能空间使用，而把楼电梯间外置，这样既不打穿原有楼板，又通过加建补强了原结构刚度（图 5-22）。同时，通过碳纤维、钢板和阻尼抗震撑等手段对原有主体结构加固以适应新的功能需求，类似结构构件也作为了建筑立面核心表现的元素。轻质的石英板材和穿孔铝板的使用也契合了改造建筑严控外墙材料容重的原则，避免给原有结构带来过大结构负荷。

各转运站保留原结构并外置交通空间的改造策略，让建筑造型忠实呈现出了"保留"和"加建"的不同状态，表达了对既有工业建筑的尊重（图 5-23）。

南六筒仓分为三组，每组由两个筒组成，分别由三家国际知名设计公司独立设计完成，采用了三种截然不同的设计风格。改造设计采用结构加固加层、筒壁开洞、加装楼电梯等方法，满足功能使用要求和现行建筑设计规范。筒仓外面保持了混凝土工业建筑本色，切割下来的混凝土圆饼也成为室外装饰性座椅，体现了保持风貌、科学改造的设计理念。筒仓的改造既保留内部典型设备，又承载办公需求；既追溯历史线索，保留其文化底蕴和历史底蕴，又将创意元素植入工业建筑中。灵活多用的圆形空间，可以根据需求将其打造成会议中心，满足企业举办大型会议的需求。其圆形的办公场所打破了传统的办公格局，单筒平层面积约在 350 ~ 380m² 之间，灵动开放格局，让空间具备诸多功能。1 号筒仓地下一层设计为工业遗产展厅，再现工业时代的历史印迹（图 5-24、图 5-25）。

料仓是西十冬奥广场区域内最大的单体遗址建筑，为了体现工业遗存的风貌，在料仓的西端保留了完整的一跨工业设施与设备，来作为工业遗产展示中心使用，从而最大限度地保留了工业时代的特征与痕迹。利用原有的框架和楼板，通过填充和增加交通核，形成新的功能体系。建筑的外立面设计可以采

图 5-21　西十冬奥广场总平面图

图 5-22　联合泵站改造办公楼东立面及开放楼梯系统
图片来源：陈鹤

图 5-23　转运站改造前（左）和改造后（右）对比

图 5-24　筒仓改造前（左）和改造后（右）对比

图 5-25　筒仓改造后室内

光的玻璃幕墙，并专门镶嵌铁锈红的钢板，以增加建筑的古朴本色，并衬托出钢铁工业遗存的铮铮铁骨（图
5-26）。

　　2）对话自然景观

　　联合泵站展厅架空围合廊架以及 N3-3 转运站、会议中心南侧庭院等多处外饰面采用的穿孔铝板，
通过带有中国古窗棂韵味的装饰图案，在硬朗的工业风中传递着典雅细腻的中国传统气质。同时联合泵
站通过屋顶二层景观连廊与会议中心相连通，屋顶整体设置多层次绿化景观的介入，与室外庭院、中心

图 5-26 料仓改造前（上）和改造后（下）对比

庭园的积极互动，结合园区内高度相对较低的餐厅、主控室和会议中心屋面，穿行于建筑之间和屋面的室外楼梯及步廊系统则为整个建筑群在保持工业遗存原真性的同时，叠加了清晰的园林化特质。整个建筑群体就是一个立体的工业园林，步移景异间传递出一种中国特有的空间动态阅读方式（图 5-27、图 5-28）。

　　3）院落尺度的建构

　　作为一、三号高炉的主要供料区，区域内原有料仓、转运站和皮带通廊等工业遗存缺少城市空间的

图 5-27　联合泵站改造前（左）和改造后（右）对比

图 5-28　主控室与 N3-3 转运站间的连桥
图片来源：陈鹤

图 5-29　压差发电综合楼改造为咖啡厅

秩序感，巨型工业尺度也让人缺乏亲近感和安全感。设计在几十乃至上百米的工业尺度和精巧的人体工程学尺度之间植入一到两层的中尺度新建筑。保留的锅炉房小水塔改造的特色奥运展厅和干法除尘器前压差发电室改造的咖啡厅等一系列和人性尺度相关的小尺度建筑，也为园区塑造细腻丰富的尺度关系画上了重彩的一笔（图 5-29）。

（5）项目创新点

1）实现工业遗存空间重构与功能再生

首钢老工业区不断挖掘区域内工业特色鲜明的工业遗存在历史、工业、美学、空间等方面的价值，如筒仓、料仓、联合泵站厂房等，并以此为基本出发点进行规划设计，使得遗产传承与发展做到完美统一。通过对工业遗存形态的挖掘和推敲，在不破坏整体工业气氛的情况下，进行体块保留、空间重构，确保"素颜值"的工业之美得以完美延续。

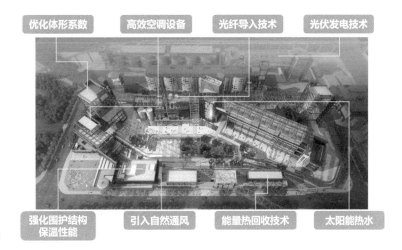

图 5-30　节能新技术应用示意图

图 5-31　节能新技术应用示范

2）工业改造实现高标准绿色建筑

首钢老工业区在工业遗存改造中探索改造建筑的绿色化研究与实践，联合泵站改造的会议中心达到绿建三星、LEED-CS 金级认证标准，N3-3 转运站改造的办公楼达到绿建三星、LEED-CI 金级认证标准（图 5-30）。开展旧有工业建筑与绿色能源有机结合和有效利用的研究，如在料仓屋面布设透光率为 20% 的薄膜光伏组件，在发电的同时满足建筑采光要求；在观光连廊及室外平台上采用不透光的薄膜光伏组件作为栏板，总发电面积达 1500m^2。太阳能转换出的电能直接并入项目低压配电系统，实现年发电量十万余度，现已并网运行。组织进行太阳能光纤照明技术应用，在南 5 号、6 号筒仓设置光纤照明系统，确保筒仓自然采光满足办公照度需求，达到既舒适又节能的作用（图 5-31）。

3）工业风的景观雕塑

为有效利用工业遗存改造过程中产生的废旧材料及构件，创新性地开展艺术创造，利用废弃建筑材料和设备设施进行艺术加工，使其成为环境设施、雕塑小品等。处置废旧建筑材料及工业设备构件的同时，节省了新置投资，更留存下工业记忆，镌刻上首钢情结（图 5-32）。

图 5-32　废旧材料艺术再加工为景观小品

5.1.3 首钢工舍酒店

（1）项目概况及前期思考

首钢工舍酒店项目北起阜石路，南至秀池北街，西起秀池西路，东到晾水池东路，距离地铁金安桥站约 0.5km（图 5-33）。项目改造后成为一座特色精品酒店，建筑高 24m，共计 7 层，总建筑面积为 0.99 万 m²，共设置客房 131 间。

首钢工舍酒店是单体改造中旧建筑保存最完整的一座，设计尊重工业遗存的原真性，延续首钢老工业区的历史记忆，通过新与旧的碰撞、功能与形式的互动，使场所蕴含的诗意和张力得以呈现，与北京 2022 冬奥会的可持续理念高度契合。

酒店设计主打"仓阁"理念，大跨度厂房是"仓"，客房层是"阁"。酒店头三层是作为公共活动空间、作为工业遗迹保存的"仓"，四层是设备夹层，五层以上就是叠加在厂房上的"阁"，也就是客房。

图 5-33　首钢工舍酒店项目范围图

（2）改造前后功能

首钢工舍改造前由空压机站、返矿仓、电磁站、N3-18 转运站四个工业建筑组成（图 5-34）。空压机站及返矿仓在生产时主要用于空气加压，将物料吹入高炉，为高炉炼铁服务，改造后成为区域配套住宿和餐饮设施（图 5-35）。

（3）方案介绍

设计最大限度地保留了原来废弃和预备拆除的工业建筑及其空间、结构和外部形态特征，将新结构见缝插针地植入其中并叠加数层，以容纳未来的使用功能。下部的大跨度厂房——"仓"作为公共活动空间，上部的客房层——"阁"漂浮在厂房之上。被保留的"仓"与叠加其上的"阁"并置，形成强烈的新旧对比。同时，"仓"的局部增加了金属雨篷、室外楼梯等新构件，"阁"则在玻璃和金属的基础上局部使用木材等具有温暖感和生活气息的材料，使"仓阁"在人工与自然、工业与居住、历史与未来之间实现一种复杂微妙的平衡（图 5-36、图 5-37）。北区由一高炉空压机站改造而成，原建筑的东、西山墙及端跨结构得以保留，吊车梁、抗风柱、柱间支撑、空压机基础等极具工业特色的构件被戏剧性地暴露在大堂公共空间中，新结构则由下至上层层缩小，屋顶天光通过透光膜均匀漫射到环形走廊，使整个客房区域充满宁静氛围，错落高耸的采光中庭在"阁"内形成颇具仪式感的"塔"型内腔（图 5-38）。南区由原返焦返矿仓、低压配电室、N3-18 转运站改造而成，三组巨大的返矿仓金属料斗与检修楼梯被完整保留在全日餐厅内部，料斗下部出料口改造为就餐空间的空调风口与照明光源，上方料斗的内部被别出心裁地改造为酒吧廊（图 5-39、图 5-40）[①]。

[①] 中国建筑设计研究院有限公司."仓阁"-首钢工舍智选假日酒店，[EB/OL]https://www.gooood.cn/holiday-inn-express-beijing-shougang-silo-pavilion-china-by-china-architecture-design-and-research-group.htm，2019-03-18/2022-01-30.

图 5-34　首钢工舍改造前自西南向东北鸟瞰（左）和西立面（右）

图 5-35　首钢工舍改造后（自西南向东北视角）

图 5-36　首钢工舍与远处的热风炉　　　　　　　　图 5-37　自冬奥组委办公区望首钢工舍

图 5-38 大堂吧（左）、中庭（右）

图 5-39 返矿仓的下料口改造前（左）和改造后（右）

图 5-40 利用返矿仓改造成的酒吧
图片来源：范伟明

图 5-41　原 N3-18 转运站被改造为楼梯间

　　客房层出檐深远，形成舒展的水平视野，在阳台上凭栏远眺，可俯瞰改造后的西十冬奥广场和远处石景山的自然风光。设计过程中，建筑师与结构工程师密切配合，对原建筑进行全面的结构检测，确定了"拆除、加固、保留"相结合的结构处理方案；使用粒子喷射技术对需保留的涂料外墙进行清洗，在清除污垢的同时保留了数十年形成的岁月痕迹和历史信息（图 5-41）。

（4）设计特色

1）新旧并融的建筑逻辑

　　将原本三个独立的建筑进行水平方向的连接，保留原始建筑立面形式，利用其内部开敞的空间与遗存的结构框架整合形成服务于酒店功能的公共空间；破除原始屋面置入新的钢结构系统让客房部分从原始空间中垂直拔起，形成服务于酒店功能的客房空间。宽大舒展的楔形屋檐、蜿蜒曲折的竖向楼梯、水平伸展的外廊立面，形成了建筑的整体风貌，其外观宛如传统建筑形式中的楼阁，登高远眺可以俯瞰整个奥组委办公区与首钢厂区遗址。

2）步移景异的空间意境

室内空间在这新旧并融的建筑逻辑下进行设计延伸。其内部空间主要分为公共服务空间与客房居住空间。公共服务空间包含北区大堂与大堂吧、三个通高中庭、南区全日餐厅、酒吧廊、咖啡区与多功能厅（图5-42）。

通高中庭定制的艺术品灯具从天窗下部垂落，宛如一片轻盈虚透的金属幔帐，柔化了空间硬朗强烈的空间形式，与原始工业遗存的粗犷形成了鲜明的对比，增加了酒店的新时代的时尚气息（图5-43）。

南区全日餐厅保留了返矿仓原始的金属料斗与检修钢梯。在人员频繁使用的就餐区与取餐区，利用温暖的原木饰面与浮游在空间中的环形灯具，打破了原始空间的冰冷陈旧，增加了温暖与时尚，原本简单的就餐环境成了满载回忆与品谈的空间（图5-44）。

明黄色的金属栏杆是串联整体空间的形式语言，从建筑外立面延伸到室内公共服务的每一个空间。其本身形式取自原始厂区内的黄色警示栏杆，跳跃性的色彩特征打破了硬朗、沉稳的空间特征，构成了

图 5-42　咖啡区（左）、酒吧廊（右）

图 5-43　中庭艺术灯具及采光天窗　　　　　图 5-44　南区全日餐厅

良好的装饰元素与视觉焦点，"旧物新作"的处理手法不失为在既有建筑改造中的另一种设计方式（图5-45）。

由于原始建筑框架跨度的限制，客房户型开间较小，内部设计力求功能合理做法简洁，以温暖的原木饰面与涂料为基础，配以改良后的工业风格灯具，简约时尚。客房卫生间利用水泥本色结合预制水泥洗手台塑造整体卫浴空间，其内部的毛巾杆、浴巾架等设施同样进行了精细化的定制设计（图5-46）。

图5-45 公共休闲区

图5-46 客房（左）、卫生间（右）
图片来源：首钢工舍智选假日酒店

5.1.4　热电厂改造酒店

（1）项目概况和前期思考

热电厂改造香格里拉酒店项目北起西环厂路，南至永定河，西至西环厂路，东至群明湖西路。项目包含南北共 3 个地块，北侧 2 个地块改造前地上建筑为首钢自备热电站主厂房以及烟囱烟道，南侧地块现存 4 座 60m 高冷却塔。项目占地面积约 5.5hm²，总建设面积约 7.6 万 m²（图 5-47）。

项目改造以"新旧共生"为设计原则，尊重基地原本工业文化遗存的历史价值，强调原有工业建筑特征的体现，同时不排斥新元素的引入，打造既具有首钢特色又符合时代发展要求的建筑风貌。结合新技术与新材料形成具有表现力的设计语言，与原有工业遗存形成对比。同时基地周边景观资源极其丰富，西眺永定河，北邻石景山景区，东望群明湖，为项目的自然生态引入和绿色空间塑造提供了得天独厚的优势。

（2）原使用功能

项目所在区域原为首钢自备热电厂，始建于 1985 年，是首钢公司第一座高温高压热电站，建成后为首钢提供了可靠的能源保证。整个区域包含首钢自备热电站主厂房、锅炉及除尘器、164m 烟囱及烟道、转运站、冷却塔（4 座）等工业设施（图 5-48、图 5-49）。

热电站以煤为燃料，煤在锅炉内燃烧后将水加热生成蒸汽，然后将蒸汽送入汽轮机转换成机械能，通过发电机发电。首钢自备热电厂主厂房作为向锅炉输送煤燃料以及放置汽轮发电机组使用。除尘器及烟囱烟道作为锅炉废气处理及排放使用。冷却塔将冷却器排出的热水冷却，然后循环利用。

图 5-47　热电厂改造香格里拉酒店项目范围图

图 5-50　首钢自备热电站停产后现状（左）和项目地块分区图（右）

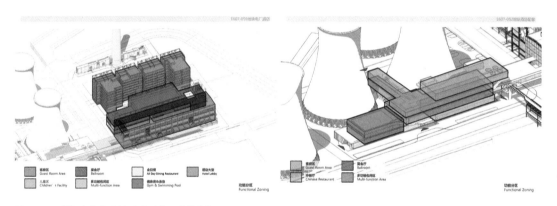

图 5-51　首钢自备热电站改造后使用功能分析图

体量特点。烟囱及烟道作为保留工业构筑物改造为小型展览、酒吧等休闲体验功能。原四座冷却塔冬奥会赛时将结合新建 G 号楼作为后勤办公功能使用，赛后改造为酒店配套餐饮、宴会以及豪华客房区（图 5-50 ～图 5-52）。

（4）方案介绍

如何在维护原有工业氛围的前提下，重新考虑保留框架所赋予的空间特质与新需求之间的功能匹配，梳理新旧建筑的功能衔接体系和空间尺度关系，这是在后工业时代打造以人为本的特色工业风酒店所需要重视和解决的问题。

设计恢复了电厂原本的形体和序列关系，作为酒店大堂的 A 号楼，作为配套功能区的 B 号楼，以及作为客房区的 C 号楼，赛后作为配套的 G 号楼，对应入住流线自东向西，自北向南顺应排布。在空间上延续了原电厂的工艺流程结构脉络，在体量上呈现了原有工业建筑尺度的宏大壮观，同时在细节处理

图 5-52 改造后的香格里拉酒店

上精雕细琢，打造具有时代感和识别性的特色酒店（图 5-53、图 5-54）。

1）保留与尊重

为尊重原有工业肌理，建筑师选择了尽量保留遗存的建筑结构体系，最大限度地将原有基地的工业感和尺度感再现于人们眼前。原首钢热力电厂主体为预制装配式混凝土结构，作为民用建筑改造以后，由于北京地区抗震设防烈度要求为 8 度，原结构形式对结构抗震较为不利，综合原结构特点、功能需求以及形象设计，建筑设计中分别对各单体采用了保留改造、落架大修，以及完全新建三种策略（图 5-55、图 5-56）。

A 号楼为大跨单层厂房空间，整体保留改造为酒店大堂及全日餐厅。以整面玻璃幕墙外置包裹原厂房保留结构，光洁精致的玻璃表皮与其后的混凝土排架柱形成强烈对比，更加凸显出原结构的粗犷特质。同时，东侧首层及南侧玻璃幕墙整体内退一跨，不仅在近人尺度上展现原有混凝土梁柱结构及屋顶钢桁架体系，也在厂房空间与城市空间之间形成过渡界面，增加了空间的层次感。

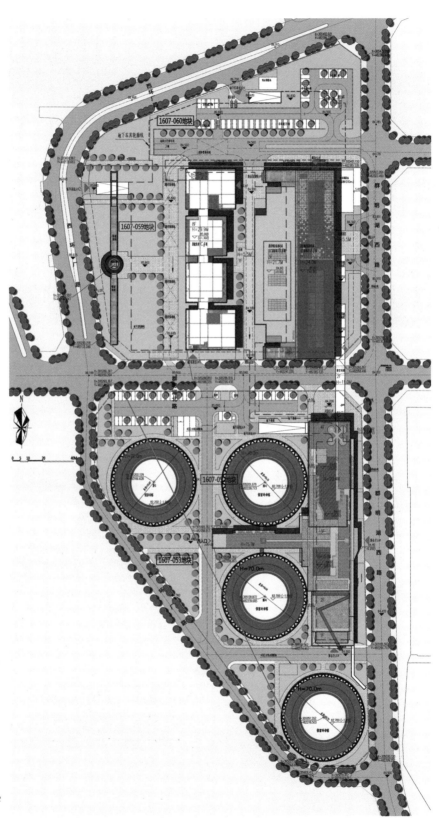

图 5-53 首钢自备热
电站改造方案总平面图

图 5-54 热电厂改造香格里拉酒店项目鸟瞰图

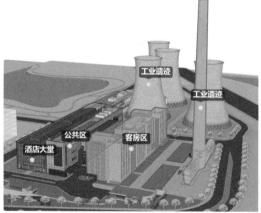

图 5-55 首钢自备热电站改造设计思考图

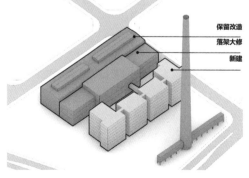
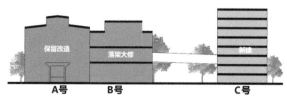

图 5-56 首钢自备热电站主体改造策略分析图

　　A 号楼东侧是最能感受到原厂房结构序列感的方位，利用极富现代感的曲线楼梯，结合大面的玻璃幕墙与混凝土结构，使整个立面展现出虚与实，精致与粗犷的对立与融合。内部原有三组约 8m 高的汽轮发电基础，与厂房空间结合呈现出一种超尺度的空间特质，改造后作为酒店的接待区域，结合基础下空间设置入住流线，给客人带来不同感官的入住体验。

　　B 号楼为酒店配套使用，包含儿童娱乐、泳池健身、多功能厅宴会厅等功能，结合考虑总体造价、原有结构尺度以及改造后空间需求等因素，采用落架大修的改造策略。立面延续了原工业风，以实墙面为主，辅以横向长窗，与 A 号楼形成虚实对比（图 5-57）。

　　2）延续与重现

　　C 号客房楼与酒店配套区设置空中连廊相接，客人在大堂二层平台办理入住之后，通过连廊进入客房楼。客房楼在形体上延续和重现了原场地区域上四座锅炉车间的体量关系，与公区建筑围合形成花园内院。部分设备风管采用钢烟囱的形式外露设计，强化和彰显了酒店的工业风特色（图 5-58）。

　　客房楼以深棕色陶管和玻璃幕墙为立面主要元素，延续了工业建筑厚重沉稳的基调。置身其中，南望冷却塔，西眺永定河，北望石景山，虽不见往日的轰鸣与喧嚣，但却可在现代的精致感中感受旧时工业风情和自然山水景色，体会后工业时代的平和与安宁。

图 5-57　A 号楼改造效果图

图 5-58   C 号楼改造效果图
图片来源：LISSONI CASAL RIBEIRO

（5）项目创新点

1）工业遗迹的新生

不同于常规酒店，热电厂酒店大堂由约 3000m² 的厂房大空间改造而成，除满足常规接待功能外，另主打工业遗迹文化体验特色功能向城市开放。整个空间以保留的三组汽轮机基础工业巨构为核心，引入大量绿植，形成自然生态的小尺度体验。设计创造步移景异的室内外连续场景，将入住流线与游览流线穿插其中，模糊了大堂的室内外界限，用草木的柔软来中和原本宏大而冰冷的封闭工业空间（图 5-59、图 5-60）。

2）烘托与对话

原有 4 座约 70m 高冷却塔，作为首钢北区重要天际线的组成部分，如何弱化新建建筑，保留原工业构筑物的空间感与尺度感是设计需要面对的问题。结合赛时奥运后勤配套使用以及赛后酒店附属功能使用双重要求，G 号楼采用"T"字形平面穿插在冷却塔巨大的体量之间，东立面直面群明湖，以层层

图 5-59　酒店大堂室
内设计图
图片来源：LISSONI
CASAL RIBEIRO

图 5-60　酒店大堂室
内实景图

退台的设计语言，在尽量控制高度的原则下，强调水平线条，类似于地景建筑居于冷却塔一隅。立面饰材以玻璃幕墙和混凝土挂板为主，与冷却塔形成并置与对话，强化原有工业遗存天际线（图5-61）。

2019年，4座冷却塔的消隐加固施工完成，在不影响外观的前提原则下，对底部支撑V柱及塔壁内外侧进行加固，拆除了原塔体内的晾水设施，释放出近7000m² 的半室外空间（图5-62）。每个冷却塔70m 通高、双曲线塔壁、顶部圆形开口的内部空间极具震撼力，结合这一特色，未来冷却塔内将分别作为酒店室外大堂、婚礼仪式礼堂等功能使用。

图5-61　冷却塔酒店配套设计效果图

图5-62　完成消隐加固的冷却塔内外空间

5.2　画龙点睛，重塑特色景观

5.2.1　首钢滑雪大跳台

（1）项目概况和前期思考

首钢滑雪大跳台位于群明湖西岸、冷却塔东南，场地周围由北向南依次分布着原首钢发电主厂房、冷却塔及原首钢制氧厂厂房。大跳台以冷却塔为背景，结束区利用群明湖局部水面深度改造成看台（图5-63）。

首钢滑雪大跳台是北京市区唯一的雪上室外场馆，场馆包含赛道及看台区，赛道占地面积（含结束区）约 0.55 万 m²。跳台结构总长度约 164m，最宽约 34m，最高点为 60m。在奥运赛时首钢滑雪大跳台在北京冬奥会期间将产生 4 枚金牌。赛后通过赛道剖面的变化，24h 内可转换为自由式滑雪空中技巧的比赛赛道，赛道和结束区既考虑了冬季正式比赛的设计要求，也考虑了溜索、滑草等夏季极限运动及举办各种演唱会的可能性。

首钢滑雪大跳台是大跳台运动（Big Air）在全球的第一座永久跳台，也是冬奥历史上第一座与工业遗产再利用直接结合的竞赛场馆。冬奥会后，它将继续作为全球最重要的大跳台竞赛与训练场馆而存在（图5-64）。

设计理念深入挖掘首钢老工业区工业遗存的文化价值，通过将大跳台建设成为地标性建筑，带动周边区域的景观整合，与石景山、群明湖、电厂、冷却塔、制氧厂共同构成永定河东岸壮丽的天际线（图5-65）。

图 5-63　首钢滑雪大跳台项目范围图

图 5-64　首钢滑雪大跳台鸟瞰图

图 5-65　首钢滑雪大跳台效果图

（2）方案介绍

首钢滑雪大跳台造型设计的灵感来自跳台竞赛剖面曲线与敦煌"飞天"飘带形象的契合。一方面飞天曲线与大跳台本身曲线较为契合，而另一方面飞天汉字中的含义与英文"Big Air"一词，都有向空中腾跃、向空中飞翔的意象。与赛道形状密切结合的敦煌"飞天"彩带形象，为当代体育项目增加了可识别的中国文化元素。

　　跳台的钢结构设计还预留了未来竞赛剖面变化的可能性。滑雪大跳台及附属区域参与北京西部永定河沿岸天际线与公共空间的重新定义，为赛后规划的一系列体育休闲功能为冬奥留下贡献于北京城市活力的遗产。跳台外表皮的材质和颜色方案经历了很长时间的研究和考量。在材料的应用上考虑轻透，尽量化解巨大体量的跳台给人带来的压迫感，同时能够满足竞赛对于防风的要求，另外考虑施工工艺和时间成本，最终采用了安装方便又能实现高完成度的穿孔铝板，穿孔率经过风洞实验也能够满足防风要求。在色彩尝试方面就更为艰难，因为大众对颜色会有自己的理解和感悟，如何在工业遗址中找到符合首钢气质又有奥运标志的色彩成了困扰设计很久的问题，经历了无色、单色、多色、暖色、冷色、拼色、双面色、渐变色等多种方向的尝试，最终选用了以冬奥会徽色彩为基调的渐变方式，整体颜色偏冷，从顶部开始的蓝紫色、绿色蔓延了整个助滑区，适于冬季冰雪运动特色，起跳区黄色和红色的渐变节奏加快，使较暖的颜色在接近地面时结束，渐变色配合穿孔铝板和造型本身的扭转，将"飞天"飘带概念体现得淋漓尽致。大跳台在首钢老工业区整体偏灰的工业背景下跳脱又不突兀，在群明湖倒影的映衬下显得尤为灵动飘逸（图 5-66）[①]。

图 5-66　首钢滑雪大跳台立面色彩采用以冬奥会徽色彩为基调的渐变方式

① 清华大学建筑设计研究院有限公司. 北京 2022 首钢滑雪大跳台 [EB/OL]https://www.gooood.cn/beijing-2022-shougang-big-air-china-by-architectural-design-and-research-institute-of-tsinghua-university.htm，2019-12-19/2022-01-30.

图 5-67 首钢滑雪大跳台远眺图（群明湖北侧）
图片来源：第三届"首建投"杯魅力园区主题摄影大赛获奖作品

跳台主体结构为钢结构，主体结构用钢量 4100t，其中大量采用了高强钢和耐候钢，节省用钢量达到 9.75%，减少碳排量约 950t。在造型上三条飘带简洁表达出"飞天"飘带的概念：顶部飘带标识出发区；中部飘带为主体，包裹兼有抗风柱、竞赛照明灯杆和安全防护网支撑结构柱，并兼有防风作用；下部飘带与中部飘带和主体结构相互掩映，同时为将来跳台底部的空间改造提供可能（图 5-67）。

5.2.2 秀池改造

（1）项目概况和前期思考

秀池改造项目北起秀池北街，南至秀池南街，西至秀池西路，东至规划晾水池东路（图 5-68），基地内分为三高炉本体及附属设施和秀池改造项目两部分，其中秀池及地下车库改造部分总占地面积约 3.97 万 m²，总建筑面积约 3.60 万 m²。

秀池作为首钢最早的大型水景之一，周边自然景致良好，自东向西延伸至池中的堤坝上垂柳摇曳，与西侧石景山遥遥相望；山水相依，恍若置身景区般怡情；回首，眼前却又是巨大的高炉钢铁巨构群，107m 高、80m 直径的三高炉强烈冲击着眼球，以带有窒息感的压迫力量将观者拖回大工业环境。基于这样"极致的自然景观"与"极致的工业巨构"的对偶关系，设计最大化留存现状景观风貌，将往昔的工业废池变为开放的城市滨水公园；在水下部分适当植入配套功能，满足地块及周边需求，使之与现代城市生活需求紧密结合。

图 5-68　秀池改造项目范围图

（2）原使用功能

秀池原名秀湖，始建于 1940 年，是三高炉重要的附属组成部分，作为冷却池用于存放炼铁循环用水，是冶铁流程中重要的工艺环节，当时是首钢最早的大型水面景观（图 5-69、图 5-70）。

（3）改造后使用功能

秀池改造项目包含地下车库、安全疏散环、首钢功勋墙、水下展厅、首钢生命之火、首钢功勋柱、地下临时展厅、环湖步道、池堤及驳岸绿化等（图 5-71）。

设计通过功能更新，既保持了原有秀池的景观效应，又增加了环湖的生态游憩体验；同时池下增加 844 个停车位，有效解决了工业遗存更新项目中的停车难问题。结合停车库疏散而设置的安全疏散环内界定出了玉璧形水下展厅，丰富了其旁边高炉展览的空间层次和游览体验的多样性。项目承载着生态、景观、交通、展示等多元功能，改造后的秀池成为一个集约、复合、包容的空间载体（图 5-72）。

（4）方案介绍

1）停车需求推动的池体转换

原本的秀池作为三高炉的附属晾水池，留存着代代首钢人的回忆。高炉停产后，秀池也失去了原本的冷却作用而荒废在园区中。新首钢高端产业园区规划确定后，周边厂房和车间的改造大大提高了场地容积率和使用频率，人群的大幅增加给这片区域增加了一个新的难题——停车区域不足。因此，设计师

图 5-69　20 世纪 60 年代首钢职工在秀池划船

图 5-70　改造前的秀池

和业主方、规划师经过沟通决策，通过减少秀池水深、提高池底高度，利用此空间植入停车库功能，巧妙地解决了工业遗址改造中停车难的普遍问题。

　　作为储存高炉废水的晾水池是炼铁工艺构筑的重要组成部分，秀池水域面积近 4 万 m^2，平均水深 4.5m 左右，近 20 万 m^3 的容积使停产后的补水成了巨大的困难；同时，秀池作为悬湖，与周边场地存在 5~6m 不等的高差，维护这样规模的水体对水资源的占用较大，综合成本很高。而基地北接冬奥广场，南邻五一剧场，西侧靠近石景山景区，周边地块面临着严峻的停车问题。因此项目结合场地的高程关系，将水池空间释放出来，改作 1.1m 深的浅水面景观，使得整个池体用水量削减为原需求的 15% 左右，极

图 5-71　俯瞰秀池全景

图 5-72　秀池改造项目总平面图

秀池
Xiu Lake

C馆
Hall C

热风炉
Hot-Blast Stove

重力除尘
Gravity Duster

B馆
Hall B

水下展厅
Underwater Exhibition Hall

柳堤
Willow Embankment

3号高炉
No.3 Blast Furnace

A馆
Hall A

0 10 20 30 40 50
M

Site Plan

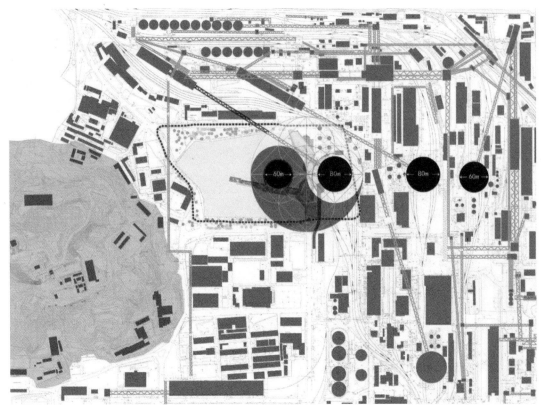

图 5-73 水下展厅与三高炉的对偶关系图

大缓解了补水的困难。水体利用循环体系，具有自洁净功能，维持了秀池的自然景致原状①。同时利用水下约 3.14 万 m² 空间，在原有平均 4.5m 深度的水体空间内植入了 3.6m 层高的地下停车库，满足不同类型车辆的停车需求；不仅为项目本身，同时也为周边地块疏解了停车压力。

2）疏散问题催生的特色展厅

秀池车库中央区域设置了环形开敞式安全疏散环，以解决停车库的疏散问题。这个开放式环形疏散空间可在有效解决自然排烟的同时，将车库中部人流疏散到秀池内保留的柳堤，再经柳堤疏散到三高炉南广场。设计选取了三号、一号、二号高炉阵列最东端的二号高炉的 60m 直径作为疏散环的尺度标尺，在宏观空间内实现了以首钢大道为轴线，一、三高炉实体镜像及二高炉疏散环虚实镜像的对位关系，巧妙地在工业遗存中寻求到了潜在的"虚实相生"的空间叙事逻辑（图 5-73）。

设计在不破坏原有水景的同时，在水底置入崭新的展厅功能。站在秀池柳堤上看，展厅如一口浅盏静静地漂浮在水面（图 5-74）。从柳堤上顺弧形台阶逐级而下到达水下 5.2m 深度，外倾的清水混凝土墙体与地库的齿条挂板外墙夹合成一条下宽而上窄的水下疏散环通道，两片墙体轻巧地划开水面，为

---

① 薄宏涛. 一块铁矿石引发的生命循环：首钢博物馆更新设计 [EB/OL]. http: //m.sohu.com/a/148590612_656721.2017-06-13.

图 5-74　漂浮于秀池水面的水下展厅

地下空间解决自然光照和烟气排空问题。疏散环下部 8m 的宽度提供了舒适的通行和疏散空间，而上部 2m 的开口宽度则尽可能保证秀池的水面连续性和完整性。环壁呈现了强烈的质感对比，直壁一侧采用非常粗糙的手工剔凿纵向齿槽人造石板材，斜壁为光洁如绸缎般触感的清水混凝土，地面则是自流平混凝土混合金刚砂颗粒的柔和磨砂精磨石地面。三个界面呈现出了粗糙—柔和—细腻的质感退晕和暗灰—深灰—中灰的色彩退晕，令空间呈现出了极为丰富的材料表情。结合进入水下展厅的 3/4 优弧界面，设计导入了第一组空间装置——"首钢功勋墙"，通过 1919—2019 年百年间重大历史事件梳理和文字呈现，到访者在进入展厅前的漫长环道内已经慢慢进入首钢的历史叙事中，环内的光影勾勒和不经意间仰望视角中对高炉的惊鸿一瞥，都令纯功能性的疏散环承担起了展厅序厅的场所职能（图 5-75）。

疏散环内部碗形空间水到渠成了秀池水下空间利用中的主角，环形钢柱与径向发散对位布置的"7"字形混凝土肋架提供了 23m 跨度的玉璧形无柱展厅，展厅内为实现空间的最大化纯净效果，采用了空调地送风系统、小水炮结合喷淋系统、内幕墙顶部消防联动自然通风腔等措施，强化了设备的高度集成，呈现出了与清水混凝土结构美的高度逻辑统一。

3）精神诉求指引的空间装置

展厅围合的静水院上空 12m 直径的开口呈现出了万神庙一般的空间神圣感，朝辉夕阳间的光影流动为这个水下的圆形院落平添了一份光辉。参观完展厅回到水院中央，东向仰望，高炉正被纳入圆形框

图 5-75　秀池水下通道

图 5-76　由水下展厅静水庭东望三高炉

景之内，静谧与雄浑间的视觉对话正回应了身处"自然"之中对话"工业"本体的空间主题。水院中导入了第二组空间装置——"首钢生命之火"，水院中央直径 8m 的静水面，其形心位置塑造了长明火焰，类似家族聚落中"火塘"的概念，生命之火展现首钢生生不息的企业精神，也为"首钢人"提供了一处温暖的心灵慰藉。设计初期的天然气火焰因安全问题调整为一组涌泉结合 3500K 色温的泛光照明，以红色涌动的水柱达成相似的空间表述。水面圆心 60cm 直径的空间也预留了可开启式"烛台"装置，为燃油筒形灯柱的植入提供了硬件条件（图 5-76）。

从"生命之火"指向高炉方向，设计导入了第三组空间装置——"首钢功勋柱和铁水光带"。如果说火代表了企业精神，"功勋柱"则是这段历史宏大叙事中的无数个体的纪念碑。从西侧静水院出发，火红的灯光劈开地面一路奔涌流淌向东，抵达红色穿孔板包裹的 LED 柱状厅，它低调谦和但强壮有力，内胆 LED 环幕上可以滚动呈现的首钢员工花名册向每一位用双手塑造了企业辉煌的或高大或卑微的个体表达深沉的敬意。

长期以来，首钢这个以生产为主导的城中城仅仅作为一个和钢铁相关的抽象概念而存在，人们或许忽视了北京西郊 8.63km² 上具体工作和生活着的每一个具体的人。首钢的百年功勋是无数个看似平凡的个体共同铸就的，正是他们的个体记忆聚沙成塔，点滴中构建了独属于这块土地的集体记忆。功勋墙，生命之火，功勋柱，这一系列空间装置的置入设定正是为了唤醒这片深沉的"人—家—厂—国"一体的伟大集体记忆。

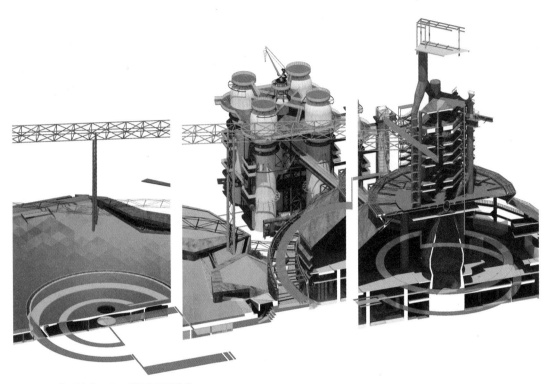

图 5-77　与秀池水下展厅联通的展陈游线

至此，秀池改造水下展厅部分到达高潮，为转折通过水下甬道进入高炉 D 馆序厅做了充分的空间准备（图 5-77）。

4）自然遗存促成的环池游憩绿地

秀池依托天然留下的水资源，孕育了驳岸和堤岸的碧绿与生态，加之其地理位置介于三高炉与石景山两处高位之间，向西映衬着叠翠簇拥下的功碑阁，向东倒映着柳堤遮掩的三高炉，秀池拥有着得天独厚的自然遗存和四面可赏的不同风景，加之场地周边存留的古亭、龙头水口等文化遗存，使得秀池顺理成章地提升为以自然和人文景观为主的亲水游憩绿地。

秀池项目最大化地保留现状乔木和堤岸形态，根据现状树木的位置和高差条件，设计环池栈道及观赏平台，使得市民可观亦可达。驳岸采用斜坡式绿化驳岸和垂直毛石挡墙两种形态的处理，一则解决原本都是垂直池壁而造成的冬季冻胀、冻裂的问题；二则软化因建造水下停车库而造成的硬化驳岸；三则营造自然生态景致的同时，以台地式驳岸结合沉水植物的形式减少平台与池底的距离，以降低跌落的危险。

秀池范围内的文化遗存主要为龙头泄水口和古亭。原三高炉秀池"九龙头"由九套琉璃制品的龙头及影壁芯构成，古朴庄重、憨态可掬，始建于 1986 年，位于秀池东侧围墙上，为三高炉冷却水泄水口，泄水时好似龙头吐水，蔚为壮观。项目改造后，"九龙头"迁移至秀池西北侧，一字排开面朝东南方向，即三高炉方向，以"历史不可复制、文化需要复兴"的理念予以保留，由于龙头长期暴露在户外且年久失修，

图 5-78 秀池文化遗存：龙头泄水口（左）、改造后的龙头水景（右）
图片来源：网易新闻 http: //bj.news.163.com/18/0509/17/DHCOUQ1D04388CSB.html#from=relevant（左）

存在裂缝和缺损，为了更好地传承首钢记忆，委托国内专业文物修缮单位精心清理和修复，令其焕然一新，重现龙头吐水风采。不仅承载了历史记忆，也更好地契合了首钢后工业景观的肌理（图 5-78）。

（5）项目创新点

1）在原有工业废池中置入复合城市功能

在平均深度到达 4.5m 的原高炉冷却晾水池——秀池，更新植入 844 个车位的地下车库，不破坏现状自然肌理，还可供给场地与周邻地块使用；同时提供 0.22 万 m² 的环形水下展厅，这个完全独立于高炉博物馆的临时展厅，圆环形的内部空间充满现代感，和高炉形成鲜明反差的同时为当代艺术的介入提供了可能的舞台（图 5-79）。

2）采取各项技术保障设计品质

因项目改造后功能均设于地下，设计采取了各项手段优化室内舒适性及保障设计品质。改造后的秀池，主要补水水源为中水与自然降雨，主要采用 HDP 工艺对水体进行水质提升，保障水质的同时营造良好的景观效果。此外，技术上另一重难点在于池底与侧壁的防水工作。为了保证防水材料的选材、施工方法，设计对此进行了反复的讨论与沟通，最终确定车库整体防水材料为 4+3SBS 防水，秀池底面同时再增加一道耐穿刺防水材料防止水生植物根系对防水层的破坏，多重保障满足防水需求。对于优化室内环境的考量，设计打开水下展厅中部的静水庭作为开放空间，其顶部 8m 直径的圆形采光口满足自然采光的需求，沿展厅的弧形玻璃幕墙顶部设置下倒式开启扇，有效解决了消防自然排烟问题。

3）地下车库风井的景观化处理

由于车库建造在水池之下，因此风井也随景观步道环秀池一周，散布在各个角落，数量众多，体积较大。设计反复计算出风要求，将风井改为矮长条形通风井，外装饰木板，并在背后结合出风口与地坪的高差，设计为雨水花园，将原本拒绝人接触的景观不利因素，改造成宜人舒适的休息一角（图 5-80）。

图 5-79　改造后的秀池

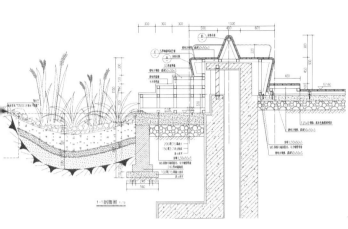

图 5-80 用风井改造的休息座椅

5.2.3 天车广场

（1）项目概况和前期思考

天车广场位于西十冬奥广场项目核心区中部偏西位置，是冬奥广场片区重要的开放空间（图 5-81）。北侧为改造完的 N2 转运站和冬奥餐厅，南邻联合泵站，西侧为改造完的 N3 转运站。天车广场东西长约 100m，南北宽约 50m，天车排架高 9m，进深 80m、面宽 26m，每一支柱开间的宽度在 3.5m 左右。

图 5-81 天车广场项目范围图

景观设计从两方面考虑，一方面尽量保留天车龙门吊、铁轨、运输火车等与传递功能紧密相关的工业遗迹，运用景观设计激活和营造传统工业场地转型为现代办公区的特色景观；另一方面冬奥组委入驻之后，为其日常办公休闲、大型活动、集体参观等使用需求提供优美的空间场所。

（2）原使用功能

天车广场原为五号高炉水渣池（五号高炉在首钢生产历史过程中已拆除），高炉炼铁过程中产生水渣，用渣罐车运至远离高炉的水渣池，直接倾入池水中，熔渣经水淬即成水渣。水渣池为混凝土构筑物，池水深5~8m。天车将水渣捞出，置于池边的堆渣场，脱水后装车运出。运输的部分铁轨从水池南侧经过，与从西北角进入的运输铁轨一起，一直延伸到三高炉。水渣可用作水泥和混凝土的原料，天车广场是石料厂储存及运输的起点。

（3）改造后使用功能

场地保留原有天车龙门吊的遗迹——天车排架，命名为"天车广场"，作为冬奥广场前庭院的核心部分，天车广场是集会和员工日常休憩的场所，巨大的构造柱形成阵列的廊道效果，两个吊车设备遗迹横跨整个广场，视觉效果震撼（图5-82、图5-83）。

图5-82　天车广场改造前

图 5-83　天车广场改造后

（4）方案介绍

设计以天车架为界，下方已经消失的水渣池重现为地毯般的草坪广场，钢板墙作为视觉端点，两条整石坐凳与天车架的尺度相辅相成。阳光明媚的清晨和傍晚，高空管廊和天车的阴影落在草坪广场上，烘托整体气势。广场为日后使用功能的提升做了充足预留，可举办大型户外活动、新闻发布会、演讲和交流集会等功能活动。

升旗礼仪广场位于天车广场东南角，承载冬奥组委办公区的新闻发布会、升旗仪式、接待活动等。升旗广场长 24m，进深 15m，前场设计简洁大气的草坪，两旁道路通往升旗台，且升旗台略高于周围地坪，增加庄严氛围、提高气势。旗杆以对称、微弧、聚拢的平面布局，寓意团结的民族凝聚力（图 5-84）。

透过天车龙门架亦可远观联合泵站，随着太阳的缓慢移动，映衬在茅草间的天车支架犹如雅典卫城般静静伫立，柱影在草坪上编织着美丽的图案。天车两端设置有对景，一端以钢板墙与花岗石整石座椅作为视觉端点；另一端设置有台阶状的木平台与旱花园，旱花园在种植设计上希望通过"粗野植被"的选择与自然式的种植，让场地原本停滞的时间犹如萌发的种子获得延续的生命力。选择丁香、国槐、柳树、圆柏、白皮松等原址或附近厂区内生长状态良好的乔木。基于低影响、低维护的生态理念，选择生长快、适应性强、抗逆性好的地被植物，诸如细叶针芒、狼尾草、晨光芒、拂子茅、黄菖蒲、萱草、醉鱼草、剪秋萝等地被。最后，增加山桃、山杏、樱花、白蜡、丛生元宝枫、棣棠、红瑞木等观春花秋叶冬枝的乔灌木，以增加园区植物的季相变化与物种多样性。这些枝叶花穗细密、均质且随意的植物利用它们和谐的色调与随意的形态削弱了原本工业场地对比强烈的明暗光影，让工业废墟从遮蔽的回忆中明朗起来。

在这套新旧辉映的空间坐标系中，时间的维度被慢慢展开，历史与未来的对话让空间富有了连续的时空体验。

天车广场内布置的铁轨从西端起，贯穿牡丹花园、升旗广场，向东至景观桥，还原了历史时期首钢原料运输的路线。火车头放置于大片的观赏草中，硬朗的火车与柔美的蒿草形成强烈的对比，远看仿佛火车从草丛中迎面驶来，驶向崭新的未来（图5-85）。

图 5-84　升旗礼仪广场

图 5-85　废旧利用的火车头

第6章　生态复兴：从棕地修复到 C40 正气候发展

注重生态修复治理，实现生态复兴。构建山水交融、大疏大密、低碳智慧的绿色生态体系，撑起西部城市生态骨架。加快永定河生态带建设，促进水系连通和水环境改善；推进森林城市建设，规划建设蓝绿交织、工业文化与自然生态相融合的后工业景观休闲带；推动节能低碳技术研发应用，推广绿色建筑，建设智慧能源系统，将生态理念融入生产生活；高水平完成土壤污染治理。

6.1　C40 正气候发展示范区

6.1.1　首钢 C40 正气候发展项目

"首钢正气候发展项目"位于新首钢高端产业综合服务区的核心地区，目标是通过建立国际领先的正气候发展模式，探索创新规划建设运营管理模式，引领北京市成为全国其他城市的低碳生态城市建设的先导者，提供一个通过城市建设支持中国在 2030 年左右达到碳排放峰值的重要示范。

"首钢正气候发展项目"的规划、建设与运营管理是根据国际 C40 气候领导联盟（C40 Climate Leadership Group）①《正气候发展计划》的申报要求而编制。2016 年 6 月 8 日，在第二届中美气候智慧型/低碳城市峰会上，首钢总公司与 C40 城市气候领导联盟签署认证证书，正式成为 C40 全球正气候发展示范项目之一，也是中国第一个被国际认同的正气候发展示范区。

2017 年首钢开展编制《首钢正气候发展项目路线图》，研究首钢正气候项目将于运营阶段达到整体负碳排放效应的规划、建设和管理路线图，并于 2018 年 3 月提交建议的路线图。经 C40 组织的全球

① C40 是国际大城市为应对气候变化组成的一个城市间的联盟，致力于推动城市应对气候变化的合作组织，于 2005 年在当时伦敦市长的提议下成立，推动 C40 城市的减排行动和可持续发展，通过推动国际低碳城市合作、交流、探讨先进理念和主流方法，为各国低碳城市建设提供较有价值的参考。其最初会员城市包括全球最大的 40 个城市，我国最先参与的城市有北京、上海和香港。2018 年底，C40 在中国已有 13 座城市会员，分别是北京、上海、广州、深圳、香港、武汉、南京、大连、成都、青岛、福州、杭州和镇江。截至 2018 年中，全球已有 90 多个成员城市成为 C40 成员。www.c40.org.

国际专家论证，2018 年 9 月正式通过《首钢正气候发展项目路线图》。

C40 通过《首钢正气候发展项目路线图》，意味着首钢项目在未来设计、施工与运营管理的过程中，需要按照路线图内的建议，实现运营阶段达到负碳排放的效应目标，并要建立长期的能耗与排放的数据收集、分析、监控与管理机制，定期编写路线图实施的进度报告提交 C40，共同商讨推进项目的发展，成为应对气候变化的城区建设管理示范案例和标杆。

6.1.2 发展路线图概述

（1）C40 正气候发展的基本原则：达到负碳排放的整体效应

C40 正气候发展项目首先把项目本身的能源需求最小化，碳排放减缓效率最大化，减少项目运行阶段的碳排放量 I（场内）；同时，正气候发展项目会带来外部效应，使更大范围的周边地区减少排放量 C（场外），用来抵消开发项目本身产生的排放量，而最终达到项目在运营期每年都有"净负排放"的正气候效应（$C>I$）（图 6-1）。

在城区建设项目尺度方面，最主要的碳排放源头包括建筑、交通、水资源、废物管理，有关的场地内外减排方法和措施可以多元化。

首钢正气后发展项目的"场地内"范围是项目的边界，而"场地外"范围则包括新首钢高端综合产业服务区和未来轨道交通线的交通出行影响范围。场地外主要产生减碳效应的范围是正气候发展项目边界以外的新首钢高端产业综合服务区范围和周边社区。首钢正气候项目的建设推动和加快了 M11 号线、R1 号线及其站点的建设，因此交通板块的减碳效应影响范围会再进一步延伸（图 6-2）。

（2）场地内低碳发展和场地外减碳外部性措施

不同城市项目采用的措施要根据地方条件选取，并且通过创新商业模式或管理机制达到正气候目标。

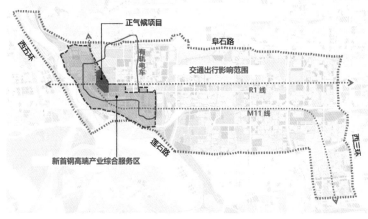

图 6-1　C40 正气候发展项目的
边界：场地内和场地外
图片来源：C40，2016；笔者整理

图 6-2　首钢正气候项目的场地内与场地外范围

C40 强调相关措施必须要配合项目本身的特点、地理、气候、经济与社会环境，可以在绿色建筑、能源、交通、废弃物管理、雨水处理、绿地生态空间、循环经济、污水处理与废物处理等各个领域实施。

1）首钢正气候发展项目：碳排放减缓措施（场地内）

作为正气候项目核心区的直接投资、建设、管理与运营主体，首钢会通过正气候项目的建设用地、周边道路与公共空间的设计、建造与运营管理，实施以下节能减排手段，主要减碳措施包括：

①建筑节能设计与绿色建筑建设；

②采用建筑一体化可再生能源；

③项目与周边街区协同鼓励公交与绿色出行；

④水资源管理降低相关能耗；

⑤固废回收、分类、再利用管理，建筑垃圾资源化利用，降低废弃物填埋量；

⑥垃圾再利用发电；

⑦绿地植林提升碳汇功能。

2）首钢项目的外部性：对周边社区的减排影响（场地外）

为了达到最大化的外部性减排量，场地外的减碳战略包括建筑节能 / 可再生能源使用、绿色交通、废弃物处理三部分：

①首钢作为开发协调与一级开发主体，把低碳建设标准纳入正气候项目以外的园区发展区规划设计与管理要求；

②通过未来合作开发，与第三方投资者共同在项目建设与管理阶段推动建筑节能、绿色建筑认证、建筑一体化可再生能源利用，达到额外建筑节能减排效果；

③考虑未来投资成立建筑节能服务公司，对正气候项目周边地块业主提供节能技术设备服务、建设资金支撑，直接带动建筑节能；

④通过负责协调整个新首钢高端产业综合服务区的规划发展与基础建设，优化西部地区道路网络，形成与城市联通的开放交通系统，直接减少市民交通出行距离；提供轨道交通线联通中心城和新城的机遇，提高市民乘坐轨道交通的便利性，改变市民出行模式的选择；

⑤作为开发协调与一级开发主体，可以在规划与实施阶段推动轨道交通站点及周边用地的 TOD 发展模式，以紧凑密度发展加强公交可达性，提升市民轨道交通出行率；

⑥规划设计完整、安全和优质的慢行系统，共享车辆停车位，通过活动推广绿色出行方式；

⑦在首钢主厂区以外地区投资建设垃圾燃烧发电设施，在正气候发展项目和周边地区建立高效率生活垃圾收集分类、回收、资源再利用管理体系，实现垃圾资源化，废弃物近零填埋，减低温室气体排放；

⑧建立智慧城区综合监测管理平台，监控全生命周期的建筑能耗、可再生能源使用、绿色交通出行、废弃物管理等数据，进行动态分析与监测，及时提出改善优化管理措施。

首钢正气候发展项目通过规划、设计、运营理念，先把项目本身的碳排放降到最低，同时基于投资、建设、空间改造、运营等手段引发减碳排放的外部性，使项目运营期达到正气候的净负碳排放效果。

6.2 棕地修复，重构生态格局

6.2.1 长安街西延线景观生态廊道

（1）项目概况和前期思考

长安街西延线首钢段景观生态廊道总长约1.5km，景观结构可分为长安街西延两侧绿地、新首钢大桥南北桥头绿地两部分。廊道南北两侧分别与新首钢织补创新工场、首钢遗址公园、北惠济庙以及月季园等功能区块相接，西侧与永定河景观带衔接，边界多样，同时场地内保留有丰富的工业与古建遗存，特点鲜明。长安街西延线实现了东西向生态廊道的建设，并链接了南北向的永定河自然生态廊道（图6-3）。

长安街景观生态走廊以中国冶金事业之摇篮、改革开放之旗帜、首都复兴之新地标为宗旨及规划理念，具备定位高（京西新门户）、位置好（长安街延线）、特点鲜明（后工业区块界面）的特点。

（2）方案介绍

设计以"京西门户，锈染杏叶"为主题，以规整有序、气势磅礴的银杏林阵列串联起长安街延线多样的景观区块，为长安街西延线的"设计变奏曲"拉开序幕。

原厂区工业构筑物多为点、线状，分散在各区域内，包含北惠济庙、原首钢厂东门、压滤车间、月季园、架空转运站、火车铁轨、管廊等。设计通过对遗存工业建、构筑的梳理，将其串联成具有首钢特点的长安街复兴之轴的西门户（图6-4～图6-6）。

1）尊重工业遗存

尊重代表首钢发展演变的历史遗存。尽管由于交通功能的原因，遗存不能系统性地完全保存，但设

图6-3 长安街景观生态廊道项目范围图

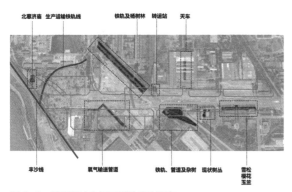
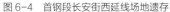

图 6-4 首钢段长安街西延线场地遗存

图 6-5 首钢月季园

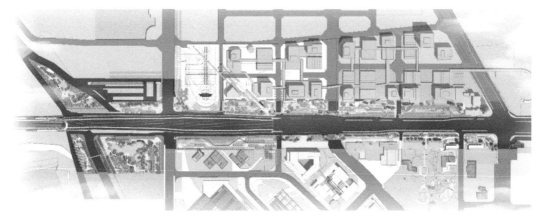

图 6-6 首钢段长安街西延线景观总平面图

计在每个遗存核心点都围绕"与古为新"的思想调整设计结构，在尊重原始历史信息与结构的同时，最大程度使这些遗存焕发生机。

2）特色树种统一区域界面

以银杏林为视线通廊，形成特色植物种植标识。虽然调研发现长安街延线行道树多以国槐、雪松、悬铃木、白杨等为主，但是为体现新首钢园区的角色转化，同时强调京西门户的自身特色，沿街两侧以 5m 宽度、梅花式种植银杏。形成银杏景观林带，点题"锈染杏叶"。靠近两侧建筑办公的区域则采用大草坪与自然式种植，延续长安街种植方式的同时提供有效的活动区域（图 6-7）。

3）生活氛围融入生态基底

在 1500m 延线分布着原首钢办公楼、新首钢织补创新工场、首钢遗址公园等多种类型区域，设计以线性步道系统为主动脉串联各区域，突出长安街整体气势的同时，满足活力的需求。根据不同区域建筑、环境、遗存的特点，调整场地结构，从空间形态到设计材料再到具体铺装细节都因地制宜，达到和而不同的效果（图 6-8）。

图6-7　首钢段长安街西延线景观效果图（自东向西）

图6-8　首钢段长安街西延线景观效果图（健身步道串联各区）

（3）项目创新点

1）重新串联点状工业遗存

保留现有的点状遗存，通过简单的细节改变，更改场地的公共性。如首钢月季园曾是老首钢人心中的伊甸园，对月季园北侧现有牌楼及周边的空间和铺装重新设计，使月季园成为长安街新首钢段的重要景观和城市开放空间（图6-9）。

新首钢大桥南侧的压滤间在工业生产期间曾承担污水沉淀过滤等功能，设计保留建筑柱网作为原场地的重要信息，将建筑改造为室外展陈空间，过滤池改造成下凹绿地，以另一种过滤的形式讲述场地历史故事（图6-10）。

图6-9　首钢月季园入口效果图

图6-10　首钢段长安街西延线景观效果图（压滤间保留建筑框架）

2）"变废为宝"新梳理种植空间

为凸显长安街西门户的礼仪序列感，通过规整种植多排银杏来整合分散的地块界面。然而首钢老工业区地下管线十分复杂，给规整式的种植序列带来很大挑战，种植平行于管线方向插行间植，在管线密布区域采用退让方式，改造为下凹绿地形成生态雨洪系统。

6.2.2 永定河滨河生态廊道

（1）项目概况和前期思考

永定河滨河生态廊道位于新首钢高端产业综合服务区西侧，是首钢厂区与永定河的过渡区域，以新首钢大桥、长安街西延线为界分为南北两段（图6-11）。

北段：北起石景山北侧，向南依次途经冷却塔、首钢滑雪大跳台起跳区广场、北惠济庙周边景观，至新首钢大桥，长度约1600m，宽度70~110m不等，总面积约18.1hm²。

南段：北起新首钢大桥南侧公园，沿永定河向东南延伸，南接南大荒湿地公园，西邻永定河湿地，总面积约1.18km²。

（2）北段

1）场地现状

永定河滨河绿地以首钢西侧围墙为界，形成风格迥然不同的两部分（图6-12）。

围墙以东原为首钢厂区内部，地面以下新丰沙线地下轨道纵贯全区，受地下铁轨防护距离限制，此部分区域暂为预留用地，几乎未做建设（图6-13）。

图6-11　永定河滨河生态廊道项目范围图

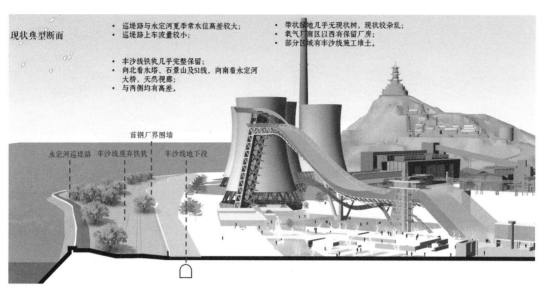

图 6-12　永定河滨河生态廊道北区现状剖面

图 6-13　围墙以东现状

围墙以西旧丰沙线铁轨完整保留，铁轨两侧茂盛的现状树使铁轨成为可以观望新首钢大桥、冷却塔、石景山的独特视廊（图 6-14）。

2）策划方案

废弃丰沙线对整个区域而言都是重要的资源，设计重点为改造再利用。

丰沙铁路自北京丰台至京包铁路的沙城，全长 106km。1952 年 9 月开工，1955 年 11 月交付运营。这条铁路是避开原京张铁路关沟段 33‰大坡道的另一通道，是当年詹天佑修建京张铁路时所选的几条线路中认为较好，但因造价较高而被迫放弃的路线。丰沙线作为晋煤外运的主要通道，现在由北京发往张家口方向的大部分客运列车也已改行丰沙线。

废弃铁轨线完整保留，具有重要的历史意义；铁轨两侧林带茂密，景观林带已成型，但品种略单一；铁轨与首钢围墙内景观及永定河巡堤路均有高差，地形上占优势；中段放大区及铁轨桥处景观基础条件

图6-14　围墙以西现状

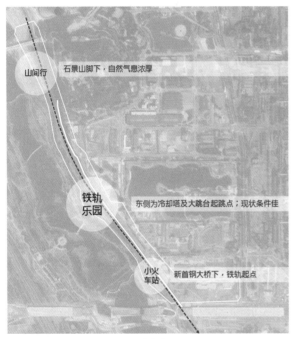

图6-15　小火车北区线路及改造意向

图6-16　永定河滨河南段场地现状大树

好，为重点改造对象。

　　策划以老丰沙线铁轨更新利用为切入点，设置小火车站、铁轨乐园、山间行三个节点，通过保留铁路肌理、置入活动项目、丰富植被，将旧铁路线转置为新休闲游乐线（图6-15）。

（3）南段

1）场地现状

　　南段场地依然由丰沙线串联，并且分为丰沙线改造入地段和出地面段。场地遗留除了有十八蹬古迹、耐火砖厂、二耐厂以及污染土处理厂、白庙村等人文遗迹之外，还有现状大树，场地竖向高差十分丰富（图6-16）。

2）策划方案

南段滨河湿地强调工业遗迹与自然湿地的结合，棕地向湿地的转化，形成工业建筑掩映在湿地植物中的天山共色优美景观。包括一条永定河水文化探访路线，全长 3.8km，串联一系列永定河水文化景观节点——十八蹬、柳堤、杨木湖（养马场）；一条小火车线，串联南区活力节点以及工业艺术节点（砖厂运动休闲区、砖厂公共艺术区、炉料厂自然科普区等区段）。

十八蹬广场

十八蹬广场是依托清代永十八蹬遗址元素展示永定河水文、水利历史的景观节点。选取永定河南区靠近庞村处设置十八蹬复原景观墙、水牛雕塑等元素。还以浮雕墙、展示牌、复原模拟雕塑等实物，展示永定河水利工程各朝各代恢宏的大历史，永定河自身的自然物种、地质知识，以及人与自然和谐相处的深刻内涵（图 6-17）。

杨木湖（养马场）

养马场呈现的是首钢地区前工业时代的场地风貌，依托湖体复原养马场古渡口特色自然风光，以木材、木排作为主要元素，设置马口柴意象的景观小品、眺望台、奔马雕塑等，风格朴实粗犷，引人遐想古时候此地作为木材渡口的景象，旷远的湿地景观配合工业建筑背景，湖水倒映的观景台提供滨河区域远观首钢工业轴线的高点（图 6-18）。

耐火砖厂艺术中心

耐火砖厂位于永定河滨河湿地中段，厂房修建于 20 世纪 80 年代，以镁粉与炭粉为材料制作高炉用耐火砖材，是钢铁生产线重要的工业材料。1993 年耐火砖厂引进 3000t 压砖机，在当时是比较先进的技术。设计利用原有大空间工业建筑，改造为以艺术展示主题的半室外空间，可举办雕塑、画作、音乐、舞蹈等主题艺术展示活动（图 6-19）。

炉料厂自然科普中心

原第二耐材炉料厂生产耐火材料供给炼钢高炉使用。改造尊重原有工业逻辑，保留建筑原有材料肌

图 6-17　十八蹬广场效果图

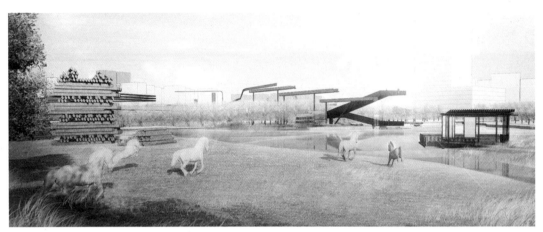

图6-18 杨木湖（养马场）效果图

图6-19 耐火砖厂艺术中心效果图

理，利用场地高差及水渠，引入水体和丰富多样的湿地展示设施，形成室内外流通的湿地生态科教空间。西部的高架轨道遗留设施，可引入水体后利用高差形成跌水景观，利用太阳能不断将水源在此循环。同时跌水形成儿童喜爱的亲水节点，烟囱、套筒窑等可以改造为充满趣味的科教设施（图6-20、图6-21）。

白庙料场公园

曾经用于储存矿石、煤炭的白庙料场改造为白庙料场公园，面积约39hm²。景观设计延续场地原来开阔、铁轨密布的景观意象，强化轨道线条改造作为铁轨花园景观，其间陈列首钢旧有生产机车，形成旷远、疏朗的工业景观风貌。结合处于滨河区域标高最低处的地势规划白庙湖湿地，收集首钢南区海绵系统蓄纳的雨水，与下游人民渠水体联通，体现场地海绵生态性（图6-22）。

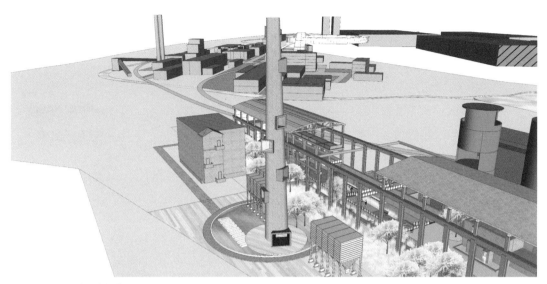

图 6-20　降雨计量广场效果图

图 6-21　第二耐材炉料厂改造为湿地生态科教空间效果图

图 6-22　白庙料场小火车穿越景观湖效果图

6.2.3 石景山生态景观提升

（1）项目概况和前期思考

石景山生态景观北邻阜石路、西邻永定河、南近群明湖、东邻秀池西街，是体现首钢山水交融特色的景观和历史文化节点（图 6-23）。山体净高约 97m，海拔高度 183.00m，含功碑阁总高 125m。自然景观与人文景观相得益彰，存有数十处历史古迹景点，总用地面积约 25hm²。

从近代的龙烟钢厂时期开始，石景山与首钢的发展息息相关，逐步形成了共存关系。设计通过整合、完善现有寺庙格局和遗址景观，对场地现状业遗存更新再利用，进行交通、使用功能、活动空间、景观视域、景观生态等多因素多层次的联通，重新纳入城市生态景观系统。

（2）治理前的状况

石景山位于永定河的东岸，山体地形起伏较大，现状山体植被茂密，山体上主要建筑物为碧霞元君庙及其附属古典式建筑物，山体最高点为功碑阁（图 6-24、图 6-25）。

山北侧长期背阴，植物生长较差，S1 线施工区对山体影响严重，需要后期生态修复；东侧工业遗存设施较多，建筑密度较大；南侧文物古迹较多，存在潜在待发掘用地，道路设施较差，闲置的蓄水池荒废；西侧裸露崖壁与永定河景观资源充分，视线良好，但无交通联系。

（3）改造后使用功能

石景山改造设计以生态保护与文化修复为主旨，力图呈现新的京西山林景观风貌。改造后的石景山

图 6-23 石景山生态景观提升项目范围图

公园将集城市开放空间、郊野山体公园、滨河生态绿地、寺庙台地园林、后工业遗址等于一身，可容纳包括登高、访古、远眺、健身等多种休闲活动，西眺永定河、东望首钢全区等多样城市功能（图 6-26、图 6-27）。

（4）方案介绍

1）梳理水系

依山就势，营造"起—承—转—合"的水系空间转换，利用地形天然沟壑及采石遗迹，形成"瀑布—

图 6-24　石景山功碑阁与山上文物古迹

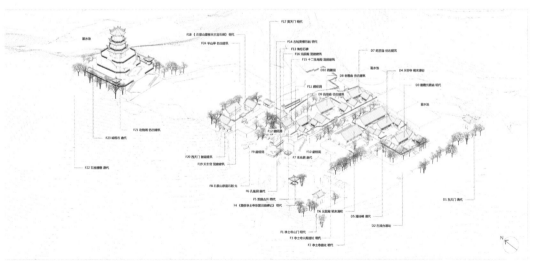

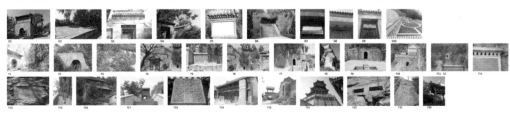

图 6-25　石景山文物古迹现状分布

溪流—曲水流觞—平潭"的山水景观。以厂区 1992 年建造的瀑布为基础，利用现状水设施设计雨水收集利用系统与园区相连，依靠山区地形形成诸多过程性雨水景观，同时利用现状工业水池改建为储水设施，并打造为可赏的山麓水景。

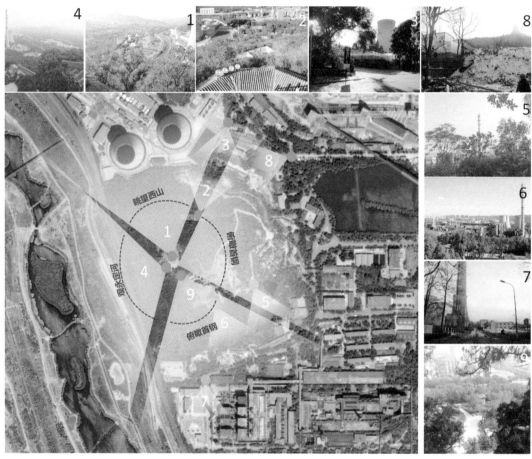

图 6-26　石景山视线分析图

图 6-27　改造后的石景山
图片来源：杨勇（右）

2）增加景观设施

现状山体缺乏景观设施和构筑物，除了山顶的功碑阁外，缺少视野开阔的观景点。改造后的石景山，设置游山小径、山中亭台、半山建筑等观景平台和构筑物，西望永定河、北望西山、南望群明湖、东望冬奥组委办公区和高炉秀池，四方美景尽收眼底（图 6-28~图 6-31）。

3）植被修复

对山体植被进行林相改造，具体策略是：在整体风貌上以原有植被为主，呈现山林野趣氛围；考虑山地土壤贫瘠的现状条件，选择合适植物种类在陡坡及裸露岩体区进行植被修复；上山路沿线、寺庙区域、山涧区域等游客可达区域，复种和补种观赏性强或具有寺院文化含义的植物，形成特色植物景观区；增加常绿乔木、彩叶植物和观花植物，达到四季有景、四时可观的效果；山体岩石局部破坏区，在危岩治理完成后进行植被提升和修复等。

图 6-28 从西侧观石景山效果图

图 6-29 鸟瞰石景山与古建群效果图

图6-30　石景山瀑布与平潭效果图

图6-31　石景山山脚仰望功碑阁与跌水景观效果图

（5）项目创新点

1）"圆通"设计理念

石景山与首钢的发展息息相关，逐步形成了共存关系，"圆通"设计理念由此应运而生。景观改造的目标是打开现状的封闭边界，建立与外界的关联。以文化的梳理整合为契机、以功能更新为动力，完成生态价值的提升，使石景山回归厂区、回归城市空间，全山路网的构建结合石景山新"十景"融会贯通，不再封闭（图6-32）。

2）营造石景山新十景

石景山山体呈现出四角锥形，从山顶到山底依次形成了佛道教景观、自然山体景观、工业遗存景观。结合石景山丰富的生态和文化资源，提出石景山新"十景"——麓岳经始、筼陉飞练、金阁怀古、永定河山、涵虚览胜、槐荫藏青、凝碧鉴天、北枕真意、碧霞云山和龙烟春秋（图 6-33、图 6-34）。

图 6-32　"圆通"概念下的石景山景区功能梳理

图 6-33　新建木桥与保留现状树

图 6-34　登山栈道远望功碑阁

6.2.4 群明湖景观提升

（1）项目概况和前期思考

群明湖景观提升项目位于新首钢高端产业综合服务区北区中部、晾水池东路以西，为绿色生态空间的重要节点，项目占地面积约 23.9hm²，现状水体面积约 21hm²（图 6-35）。

群明湖是首钢厂区内最大的水域，是厂区中自然氛围最浓厚的区域之一，视觉最为开敞、疏朗，与整个厂区的高密度形成了鲜明的对比。设计通过控制视觉尺度及视线、梳理流线、梳理水文、绿色生态等策略将其进行改造。

（2）原使用功能

群明湖前身是首钢二、三、四号工业循环水池，始建于 20 世纪 40 年代，各个水池集中并列布置，混凝土池壁围合的横平竖直的平面形态被保留（图 6-36）。

周边以密集高大体量的工业建筑为主，四个直径 50m、高约 70m 的冷却塔屹立西岸，高架管廊横亘北岸，东侧和南侧为焦化厂和氧气厂的工业设施，东北角可远眺四座 105m 高的高炉，为场地赋予了浓厚的工业气息（图 6-37、图 6-38）。

图 6-35　群明湖景观提升项目范围图

图 6-36　群明湖区域原貌

图 6-37　群明湖区域工业遗存管廊
原貌

图 6-38　群明湖区域水塔原貌

图 6-39　群明湖区域牌坊原貌

　　20 世纪 90 年代初期，首钢进行"园林化工厂"改造，群明湖的堤坝和驳岸加建牌坊、甬道、拱桥、长廊、亭台楼阁等景点，形成"群明湖公园"。与此同时，对石景山上的古建筑群、功碑阁等建筑进行保护修缮，对山体进行园林化改造，强化了首钢园林化工厂的自然山水格局，如同颐和园、万寿山和昆明湖一样，将古典审美意味的景观系统置入工业厂区的核心生产地带（图 6-39）。

　　在首钢钢铁生产时期，来自动力厂等生产车间的工业冷却水携带巨大的热量汇聚于此，通过喷洒、静置等一系列工业流程在湖中降温冷却后循环回用，群明湖水温常年保持在 20℃以上。每到冬季，西伯利亚绿头鸭、旅鸟针尾鸭、中华沙丘鸭便迁徙而来，与昆明湖、玉渊潭、中南海一道成为北京市野生鸟类过冬的四大水域，最多时达数千只，构成绝美的冬季景观。

图 6-40　改造后的群明湖

（3）改造后的功能

群明湖景观强化形成以水面为核心的滨水公园和渗透到四周的开放空间系统，提供休憩、运动、教育等功能。同时保留古典山水模式，利用景观手段调整水面、塑造地形、优化种植，将古典建筑更好地融入工业气息中。

群明湖也是一个生态公园，落实规划海绵城市布局要求，加入 14.6 万 m² 的雨水调蓄功能，实现园区 50 年一遇暴雨零影响。湿地公园和湖底净化植物群落将持续为湖区提供清洁的水源。湖中增设不可上人的生态鸟岛，为越冬的候鸟提供栖息之处。原本的混凝土驳岸被改造为梯段式绿地，营造适合不同动植物的滨水生境（图 6-40）。

（4）方案介绍

设计有机衔接地块周边项目，包括北侧空中廊道方案、西侧冷却塔改造和冬奥大跳台设计、南侧氧气厂改造、东侧晾水池东路和绿轴景观方案，尤其是群明湖东岸需承接晾水池东路西侧人行步道功能。结合海绵城市理念强化雨洪管理，结合首钢水系规划细化高程及水体连通设计，保持群明湖水面标高不变，以保证现状湖面建（构）筑物与水体良好的空间关系。打造丰富多样的岸线结构，分层次柔化湖岸边界，分重点加厚湖岸绿色空间，实现群明湖水上和岸边交通流线贯通。充分挖掘场地历史文化内涵，保留利用现状管廊、泵房、冷却塔及湖心仿古建筑群等。尊重现有场地肌理，"适地适树"充分考虑现状植被的保留利用（图 6-41）。

1）视觉尺度和视线控制

群明湖作为首钢园区内最大的人工水体，是景观上极佳的看与被看的景点。结合架空管廊、空分塔、冷却塔、石景山等观赏群明湖的视觉高点，重新推敲湖区尺度，在群明湖原有堤坝结构上，重新梳理"岸—水—岛"的结构，改造湖岸并调整水面的划分比例，为视线控制营造条件（图 6-42）。

2）水文梳理

现状湖体湖岸平面呈四方状，湖岸绿地进深较小。设计中增加湖岸绿地面积，适当缩减水域面积，以减少蒸腾带来的水分流失；同时在不影响景观效果的前提下，适当降低常水位高度，通过自然式的驳岸分若干级台层入水，实现群明湖对首钢北区 14.6 万 m^2 雨洪调蓄的能力（图 6-43）。

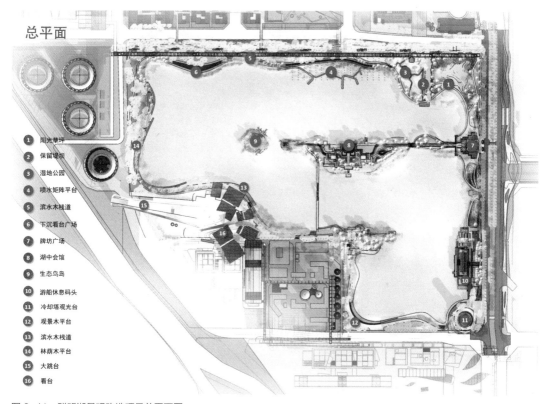

图 6-41　群明湖景观改造项目总平面图

图6-42 群明湖视线控制分析

3）特质保护与遗存利用

充分挖掘场地历史文化内涵（图6-44），湖畔架空管廊改造为空中二层步道，串联形成首钢北区二层步行系统。湖心的仿古建筑群通过修缮维护和步道的梳理，让湖心岛更加宜人。群明湖湖中北侧原有一系列工业管线和喷头，通过增加景观沉水栈道并将原有的"工业喷泉"转化为音乐喷泉完成一次新生。通过喷雾、喷泉、灯光的打造模拟工业过程的游览体验，打造湖区景点人气增长极。

（5）分区设计

1）湿地公园区

群明湖东北角设计为湿地公园区，利用原有堤坝分割的小水面形成示范性湿地净化区和草坪区，通过潜流湿地形成约0.3hm² 湿地水面，利用水泵将群明湖水提升至湿地高位，经过曝气、过滤、净化等

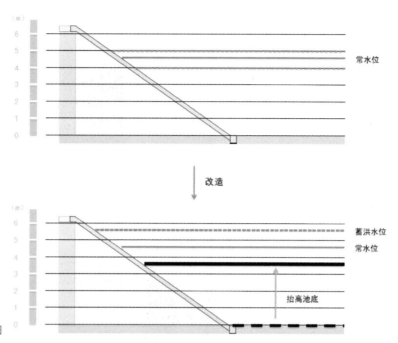

图 6-43　群明湖水文梳理示意图

图 6-44　群明湖工业遗存
图片来源：首钢资料馆授权扫描（左）

功能最终回到群明湖（图 6-45、图 6-46）。

2）休闲游憩区

北岸管廊下空间及西岸为休闲游憩区，是连续绵延的驳岸游憩带（图 6-47～图 6-49）。设计尽可能保护现状树，拓宽现有驳岸，利用工业遗存设喷泉步道、入水剧场等景观节点。

3）历史文脉区

以"群明生辉"牌坊开始的东西轴线和以南岸半岛三亭一区开始的南北轴线共同汇聚在湖心的仿古建筑群，结合东南岸五泵房及冷却塔，建立历史文脉区，使得历史风貌延续的同时接纳更多的使用功能（图 6-50～图 6-53）。

图 6-45　湿地公园区鸟瞰图

图 6-48　喷泉矩阵与沉水栈道

图 6-46　湿地公园北邻架空管廊步道

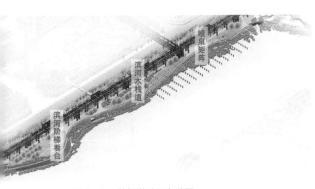

图 6-47　休闲游憩区鸟瞰图

图 6-49　阶梯看台

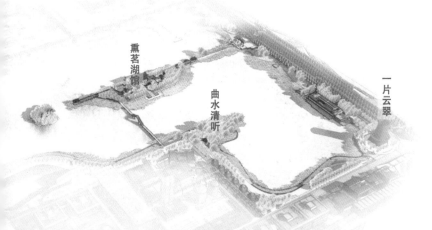

图 6-50　历史文脉区鸟瞰图

图 6-51　湖心岛古建筑群
图片来源：第三届"首建投"杯魅力园区主题摄影大赛获奖作品

图 6-52　群明夕照
图片来源：第三届"首建投"杯魅力园区主题摄影大赛获奖作品

图 6-53   群明生辉

4）冬奥跳台区

2022北京冬奥会单板滑雪大跳台场地位于群明湖西南角，跳台接地位置占用原湖区一部分。考虑赛场空间需求与驳岸景观设计的结合，设计满足赛时和赛后不同使用需求的弹性景观。同时通过降低接地位置、补植乔木等方式化解跳台过大的建筑体量，优化天际线与湖面比例等，打造风格、美感统一且连续的滨河景观带（图6-54、图6-55）。

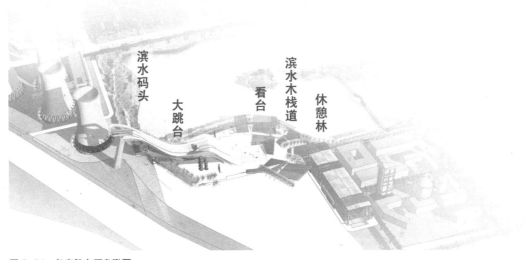

图 6-54   冬奥跳台区鸟瞰图

图 6-55　冬奥跳台与群明湖

6.2.5 污染场地修复

（1）项目概况和前期思考

2005 年 2 月 18 日国家发展改革委《关于首钢实施搬迁、结构调整和环境治理方案的批复》要求首钢在完成搬迁调整的同时，对原厂区部分环境污染进行治理，规划以"渐进过渡，生态修复和工程修复结合"的理念开展环境污染修复。

（2）设计方案介绍

在污染土治理相对集中的首钢工业遗址公园片区，治理手段包含异位热脱附、原位热脱附、原位燃气热脱附、原位化学氧化、土壤阻隔等，并在原首钢焦化厂场地内设计展示中心，融入环保、绿色、科技等理念，展示污染场地土壤修复工作。

在规划层面结合考虑生态修复因素，将集中污染地作为绿地和待研究用地，鼓励自然生态净化，建议以生态环保的方式逐步恢复污染土壤，使其在近、远期都能具备利用价值；同时结合场地工业遗存的文化特点，以景观设计化解污染与发展之间的矛盾；植物修复是工业废弃地再利用的过渡性策略，按照生态演替规律，在污染土壤区域内种植超富集植物，有效降解苯系和多环芳烃等土壤污染物，实现污染场地原地治理与生境恢复（图 6-56）。

（3）污染场地修复项目

规划对整体首钢老工业区的污染治理是将场地污染程度与开发时序相结合，不同阶段不同的污染情况采用不同污染修复方式。初期轻度污染采用热脱附方式进行快速修复；中期重度污染采用污染阻隔控制措施，削减对周围环境产生的影响，进一步采取热脱附、焚烧等工程处理方法；远期轻度污染修复面

一、清洗道路、设备及建筑

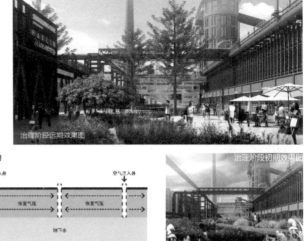

治理阶段远期效果图

目标物：附着在建筑、设备上的挥发性有机物

二、土壤气相抽提修复技术   **目标物：土壤气相中的挥发性有机物**

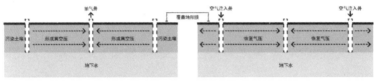

治理阶段初期效果图

三、种植植被改良土壤环境   **目标物：改良土壤中的酸碱性**

治理阶段中期效果图

| 芨芨草 | 乱子草 | 金边麦冬 | 柳枝稷 | 纸莎草 | 核桃树 |

图 6-56　轻度污染场地整治原理及效果图

积较大且污染物含量较低，采用生物修复、固化稳定化等绿色修复技术。首钢集团在更新转型中将修复污染土壤与发展环保产业结合，首钢环境产业公司组织开展土壤修复热脱附、生物堆、化学氧化等技术测试工作，并在主厂区原白庙料场内建设热脱附土壤修复项目。

第7章　产业复兴：战略机遇带动
全面深度转型

引导创新驱动发展，实现产业复兴。聚焦"体育 +"、文化、数字智能、城市科技服务等产业，加强国际交流合作，依托工业遗存改造的特色产业载体，吸引国际化元素落地，提高产业发展的国际化水平。瞄准青年创新创业群体，打造新型产业生态，释放产业转型动力。支持首钢发展城市综合服务业，做强首钢城市更新服务品牌。

7.1　首钢集团实施战略转型

7.1.1　"城市综合服务商"发展战略

首钢的搬迁调整战略实现钢铁产业优化升级，成为京津冀协同发展的先行者、示范者，推动自身进入转型发展新阶段。按照北京市委市政府"首钢要成为传统产业转型发展的一面旗帜，成为具有世界影响力的综合性大型企业集团"的要求，首钢确定新的发展战略：通过打造全新的资本运营平台，实现钢铁和城市综合服务商两大主导产业并重和协同发展（图7-1）。

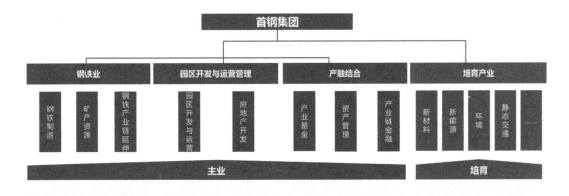

图 7-1　"十四五"首钢产业体系框架图

首钢利用主厂区区位和自身技术人才优势，在城市综合服务业领域谋划布局，培育新动能，发展新产业，形成新经济、新业态，整合钢铁领域规划设计、研发生产、基础建设、设备制造、自动化控制等产业基础，发展静态交通、能源环保、钢结构装配式建筑、智慧城市、工业智能化、道路设施、军民融合装备创新、文化创意、体育健身等城市服务产业，打造贯通整个产业链条的"新型城市综合服务商"。

（1）城市基础设施产业

园区开发阶段：参与园区规划、市政、园林等设计工作，利用现有水资源处理、道路管网规划建设等能力，参与园区市政基础设施、道路交通、生态园林等基础设施建设；利用民用建筑设计建设能力，参与园区建筑楼宇设计建设，布局园区智慧城市基础设施，建设布局汽车充电桩、立体车库等新业务，围绕新能源、低碳、解决社会问题等领域拓展基础设施建设。

园区运营阶段：市政设施运营以政企合作模式提供运营服务，提供智慧城市设备设施和服务的运营管理，提供园区立体停车、充电桩等服务型基础设施的运营。

（2）节能环保产业

园区开发阶段：提供楼宇节能、能源中心建设、城市公共系统节能、环保综合解决方案，开展建筑垃圾资源化循环利用，参与园区环境污染治理，培育产业能力。

园区运营阶段：聚焦生态型城市基础设施领域，如水资源、雨水收集、循环经济等领域，将节能服务应用于智慧城市的全程运营中，包括楼宇节能、能源中心建设、城市公共系统节能等。

（3）健康医疗产业

首钢于2013年5月成立北京首钢医疗健康产业投资有限公司，医疗产业以北京大学首钢医院为核心，并建立首钢医疗健康公司老年福敬老院，还与行业领军企业签约组建"中国健康医疗大数据股份有限公司"，推动健康医疗大数据应用发展。

首钢以国际化视野积极布局医疗健康产业，适应市场环境、发挥企业优势、谋求集团发展的同时，助力我国大健康产业和医疗民生事业的发展，体现了首钢作为国有企业的社会担当和责任。

（4）文化体育产业

以北京首钢文化有限公司作为首钢文化创意产业的运营平台，利用首钢大型厂房、历史人文景观、工业文化品牌，整合首钢电视、出版、演艺等资源，开展影视拍摄、工业旅游、广告、文化产品开发与销售、大型活动等业务，推动首钢文化创意产业全面发展。

以北京首钢体育文化有限公司为平台，以体育竞赛和大众体育健身为主，兼顾场馆经营、体育培训、体育用品销售、餐饮等业务，旗下有北京首钢篮球俱乐部、北京首钢乒乓球俱乐部、北京首钢冰球俱乐部三支俱乐部，以及首钢金鹰女垒、首钢金鹰男棒两支队伍。秉承"职业化、市场化、国际化"的新体育理念，利用 NBA、MLB、WNHL 等国际化体育高端资源，打造旗下俱乐部和 IP 赛事。

（5）金融服务产业

探索城市开发投融资机制和商业模式发展趋势，合作创新金融产品，打造产业投资基金、孵化器等，为开发建设、高成长性创新创业资源提供融资和多种形式的创新金融服务。

2011 年北京市政府下发《关于加快西部地区转型发展的实施意见》（京政发〔2011〕1 号），要求通过创新金融方式加快西部地区的产业转型和升级，首钢发起设立北京京西创业投资基金管理有限公司，形成"基金＋基地"的发展模式。

2015 年 9 月首钢成立集团财务有限公司，构建集团"资金归集平台、资金结算平台、资金监控平台、金融服务平台"，助推集团产融结合和转型发展。

同时在市政府的支持下，首钢集团设立北京京冀协同发展产业投资基金，打造城市综合服务业子基金、京外落地企业投资子基金和传统工业企业重振子基金三大子基金群。

（6）房地产产业

根据首钢打造城市综合服务商和建设国际有影响力的大型企业集团的要求，首钢地产投身北京主厂区和曹妃甸园区的联动建设，2010 年 6 月成立的北京首钢建设投资有限公司承担首钢北京地区搬迁腾退土地的开发任务。2017 年首钢集团公司整合北京园区相关业务，组建北京园区开发运营管理平台，探索适合城区老工业区改造建设的新路径。

7.1.2 绿色交通设施板块

（1）智能立体停车

北京首钢城运控股有限公司在自有钢材深加工、规划设计、特种装备制造、自动化控制等专业基础上，以发展停车产业为核心业务而专门组建的产业化平台公司，以智能立体停车库的投资、建设、运营为核心业务，为缓解城市停车难题提供个性化解决方案，为用户提供城市级静态交通规划设计、全类型停车设施的定制设计、投资建设、停车设备制造安装、停车资产管理、停车场运营的全产业链综合服务，致力于为解决城市停车难提供智能化一站式综合解决方案。

首钢城运北京主厂区建成北京静态交通研发示范基地，拥有 6 大系列 14 种立体停车产品（图 7-2），同时首钢正在研发第二代智能公交立体车库、环卫车的停车库、新型的垂直升降的方形塔库、全智能平面移动式立体车库、"云街"智能立体车库，在北京、上海、深圳、西安、贵州等 20 多个省市布局静态交通投资、建造、运营产业。

（2）智能交通技术

北京首钢自动化信息技术有限公司是首钢集团旗下自动化信息化专业性公司，集信息化规划实施、自动化系统设计、软件开发、系统集成、技术服务于一体，致力于成为智慧城市综合服务提供商和基于互联网、物联网的智慧平台运营商，在打造自主运营的高端通信和云计算平台服务的基础上，重点发展

图 7-2　北京静态交通研发示范基地效果图

图 7-3　首钢园区动静态交通安防一体化平台架构

"智慧园区"、"智慧交通"（图 7-3）、"智能建筑"等产业，并与首钢产业板块融合，发展"互联网 + 产业云"服务集群。

实现向"工业智能化和智慧城市"两大领域转型发展，参与北京城市副中心、首钢冬奥园区、迁钢冷轧智能工厂等国家、行业重大项目建设，在智慧城市顶层设计、云计算中心建设、智慧交通、智能家居、工业机器人、无人天车等领域获得优秀业绩。

图 7-4　石景山区首个光伏超级充电站

（3）新能源充电技术

北京首钢自动化信息技术有限公司在新能源汽车充电领域，具备交直流充电桩、超级充电站等充电设备的大规模生产能力，利用互联网、信息化、智能化运营服务平台，将停车、充电、运营结合。为落实国家新能源汽车战略，北京首钢基金有限公司、北京富电科技有限公司、北京首嘉钢结构有限公司、北京首钢自动化信息技术有限公司组成联合体，采用 PPP 模式，推广充电停车设施项目投资、建设和运营。2015 年 10 月，由北京首钢自动化信息技术有限公司与北京富电科技有限公司合作的"石景山区首个光伏超级充电站"启动开工（图 7-4）。

7.1.3　节能环保板块

以首钢环境产业有限公司为运营平台，从冶金能源环保产业向冶金和城市节能环保新产业"相辅相成"的转变，业务范围涵盖节能环保项目投资、技术研发、工程设计、产品销售、环保设施运营管理等，成为首钢在北京地区新产业发展的支柱。

（1）鲁家山循环经济基地

北京市鲁家山循环经济基地是国内首家致力于城市固废高效处理的国家级循环经济示范园区（图 7-5），是世界单体一次投运规模最大的垃圾焚烧发电厂，由首钢集团北京首钢生物质能源科技有限公司建设运营管理，采用"绿色、环保、创新"的理念，在处理生活垃圾的同时产生电能和热能服务于北京城市的市政供给。项目于 2013 年底建成并投运，日处理生活垃圾 3000t，可一揽子解决北京市 30% 生活垃圾、30% 地沟油、30% 市政污泥、25% 废玻璃、20% 餐厨垃圾等固废处理问题；年净输出能源约 10 万 tce，减少碳排放量 210 万 t，相当于植树 1.2 亿棵。

（2）污染土处理

以首钢环境产业公司设计技术中心为核心，建设具有首钢特色的土壤修复技术研发及产业化示范，从 2015 年 4 月到 2016 年 7 月，建成国内第一个年产 18 万 t 的钢铁冶金工业污染场地热脱附土壤修复示范项目（图 7-6），标志着首钢土壤修复产业迈出第一步。2018 年，原首钢焦化厂、脱硫车间、三号和四号高炉等场地修复项目陆续铺开，首钢环境公司推进首钢热脱附土壤修复项目自运营，首钢土壤修复产业成为首钢开发建设、服务保障 2022 年冬奥会的先行者。

（3）建筑垃圾资源化利用

首钢老工业区改造建设过程中将产生大量建筑垃圾，规划配合首钢在原堆放炉渣的"渣场"选址，

图 7-5　鲁家山垃圾焚烧发电厂外景实景图和焚烧炉实景图

图 7-6　首钢污染土热脱附处理生产线项目实景图

图 7-7　首钢建筑垃圾资源化处理项目范围图　　　　图 7-8　建筑垃圾资源化处理项目

利用钢渣处理生产线改造建成"首钢建筑垃圾资源化处理项目"，是北京首座全封闭建筑垃圾资源化处理生产线，年处理建筑垃圾 100 万 t，年产再生骨料 83 万 t（图 7-7、图 7-8）。

　　建筑垃圾再生骨料经加工后制成建材制品，回用于新首钢道路建设、工业厂房改造、新建筑施工等工程中。既有建筑拆除过程中产生的建筑垃圾，实现"四个就地"，即建筑垃圾就地拆除、就地运输、就地处理、就地利用的闭路循环模式，实现既有建筑垃圾循环利用率 90% 以上。

7.1.4　建筑市政装备工程板块

（1）建筑与市政工程

　　原北京首钢设计院改制成立的北京首钢国际工程技术有限公司，作为冶金行业专业最齐全的工程技术公司，在首钢主厂区和曹妃甸园区开展建筑和工业遗存改造业务，拓展民用建筑、钢结构住宅、被动房、地下综合管廊及城市基础设施业务，打造建筑产业全产业链服务体系。

　　依托能源环境优势技术和工程业绩，围绕区域综合能源领域的物质流、能源流、排放流持续实现技术拓展，在海水淡化、水体治理、发供电、固废处理（垃圾发电）、大气治理、节能改造、可再生能源等领域开辟市场。

（2）装备制造

　　首钢集团承担了中华人民共和国成立以来历次天安门庆典活动和阅兵仪式的现场重大装备制造的政治任务，自主研发、制造的相关装备产品广泛应用于天安门广场、长安街等区域，也应用到首钢老工业区的改造建设中。

7.2 以冬奥为契机汇聚新业态

7.2.1 北京冬奥组委入驻

为落实"节俭办奥、绿色办奥"理念，北京冬奥组委于2016年入驻首钢西十冬奥广场，为区域转型发展带来一定经济效益的同时，带来广泛的国际交往和社会效益。首钢老工业区凤凰涅槃，实现新旧动能转换和结构优化升级。

首钢抢抓机遇培育新的经济增长点，陆续迎来中国银行、安踏、星巴克、伊利、腾讯、洲际酒店、国际数据集团等企业入驻，首钢老工业区高品质空间载体初步搭建，首钢签约为北京2022冬奥会官方城市更新服务合作伙伴，成为世界的亮点和热点。大批独角兽、瞪羚企业到园区考察，"体育+"、无人驾驶、5G示范等新兴产业相继签约落户，产业聚集效应凸显，特色产业创新生态逐步完善。

此外，首钢老工业区迎来一系列国内外重要活动，国际层面如中芬冬季运动年开幕式、国际奥委会平昌冬奥会总结会、"一带一路"全球青年领袖论坛，国家及北京市层面如北京市政府驻华使节招待会、第七届中国舞蹈节、北京首届冬运会冰壶短道速滑花滑决赛、北京等三省卫视跨年冰雪盛典晚会等，首钢品牌影响力极大提升。

7.2.2 冬奥训练场馆

（1）项目概况和前期思考

冬奥训练场馆即国家体育总局冬季训练中心及配套设施项目，西至西环厂路，东至电力厂东路，南至群明湖北路，北至五一剧场路，工程建筑规模8.68万 m^2（图7-9）。

图7-9　冬奥训练场馆项目范围图

首钢集团利用老工业厂房改建国家队训练场地，打造国家体育产业示范区，建设涵盖短道速滑、花样滑冰、冰壶、冰球等冬奥训练场馆及相关配套服务设施。

场馆设计既要保障近期国家队训练，还要考虑远期场馆功能转换，转为社会设施向公众开放，成为能够承接综合赛事的永久性比赛场馆，走出"奥运场馆寿命短"的世界性难题。

（2）改造前后使用功能

项目原址为首钢动力厂 5 锅炉及输煤、职工宿舍区域。精煤车间等工业遗存改造建设短道速滑、花样滑冰及冰壶 3 座国家队训练馆，精煤车间北侧新建 1 座冰球训练馆，一共形成 4 块冰场，同时配套运动员公寓、网球馆及停车场设施和商业设施。

（3）方案介绍

整体设计秉承挖掘工业遗存、呈现奥运精神的理念。保留精煤车间超大尺度的通长空间和特色鲜明的厂房结构柱，置入冰雪运动功能，引入专业公司进行能源技术统筹及冰场工艺设计，实现工业特色保留和冰雪运动功能的完美结合（图 7-10）。

图 7-10 冬奥训练场馆项目效果图

　　坚持保留、织补、创新的理念，通过修复、改造、加建等织补方式，建设符合国际比赛场地规格的冰上训练场馆和相关公寓配套，地上建筑面积共计约 6.49 万 m²。

　　精煤车间改造项目地上建筑面积约 2.53 万 m²。通过化整为零的手法将巨大的体量分成短道速滑、花样滑冰及冰壶三个场馆空间，并对原有的结构特征进行保留和再利用，老厂房的牛腿柱在新空间里得以再现，形成具有工业特色的场馆空间（图 7-11、图 7-12）。

　　精煤车间北侧新建首钢冰球馆，总建筑面积约 2.55 万 m²，可容纳 3000 名观众。通过对场地内最具首钢工业特征的建筑形式——门式排架进行提炼，形成设计母型，以阵列复制的方式满足大空间场地的需求，建筑立面采用清晰简洁的模数，与原有工业厂房内在秩序协调。大面的玻璃材料别具匠心地采用印有渐变雪花图案的彩釉玻璃，雪花由上至下逐渐变少，整个建筑如飘雪一般，以达到大雪纷飞景象下引发浪漫冰雪运动的诗意联想（图 7-13、图 7-14）。

图 7-11　精煤车间改造前外观图
图片来源：工信部新闻宣传中心

图 7-12　精煤车间改造后外观图
图片来源：陈鹤

图 7-13　冰球馆东南向外景
图片来源：陈鹤

图 7-14　冰球馆冰场内景
图片来源：陈鹤

7.2.3　运动员社区

（1）项目概况和前期思考

运动员社区北起五一剧场路，西至西环厂路，东至电厂路，南邻精煤车间冰上训练馆，为新建项目，共计 4 栋建筑单体，总建筑规模约 2 万 m^2（图 7-15）。项目采用围合空间并保留高大的古树，硬朗工业风与古典中国风刚柔并济，将石景山的自然景致纳入酒店庭院（图 7-16）。

（2）方案介绍

尊重基地历史、发掘区位价值，以人作为本体，梳理邻里导向的空间尺度关系，设计围绕回应周边基地条件和保留的七棵大树展开。

1）尊重基地文脉

设计对基地内七棵胸径 20cm 以上的现状大树提出保留措施，虽然不是名贵树种，但设计坚持了新建建筑对基地的尊重，建筑及设备管线均充分考虑树木的生长需求。南侧入口处大榆树界定建筑南侧边界，西侧三棵榆树界定西南建筑 L 形平面形态和西北半开放院落的格局，中部三棵大泡桐则界定中央庭院的北侧界面。设计结合树的位置和形态，织补内向型廊道围合庭院。游走于廊道之中，工字钢的立柱、木纹板的格栅和红砖的墙面间或出现，体验自然与工业的共融（图 7-17）。

2）院落空间层次

三组建筑风车形布局，围合出基地一个较为方正的内院。一组环状游廊成为建筑物和庭院间的柔性

图 7-15　运动员社区项目范围图

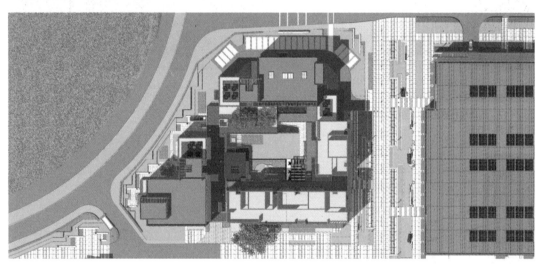

图 7-16　运动员社区项目总平面图

连接，廊道提供了一组遮风避雨的人性化灰空间，同时界定了几组尺度各异的绿化边院，沿廊拾级而上
到达二楼栈桥，和石景山隔空对话呈现了项目的山水意趣（图 7-18 ～图 7-20）。

　　3）邻里空间尺度

　　相较于大事件导向的冬奥广场建筑群和文化导向的首钢三高炉博物馆，运动员社区以邻里单元尺度
形成其发展的基本导向，以谦逊的身姿"织补"和"链接"，低调追寻场域的历史风貌，于无声处唤醒
这片土地的集体记忆。

（3）项目创新点

1）复兴模式的选择

作为拥有重要区位和重要历史价值的大片区工业遗存的首钢，"大事件导向"和"文化导向"是政

图 7-17　运动员社区围绕保留树木形成的游廊
图片来源：陈鹤

图 7-18　内庭院与石景山对话
图片来源：陈鹤

图 7-19 风雨廊侧院内的保留树木
图片来源：陈鹤

图 7-20 风雨廊道彩釉采光顶
图片来源：陈鹤

府将其转化为城市新的活力场所或文化空间的长期战略方向。而偌大的首钢园区除了拥有此类重要历史价值的建（构）筑物外，仍有大量不具备典型特征的工业遗存片区[①]。

项目采用"邻里导向"的复兴模式，使小尺度街区在首钢工业遗存更新规划中也能顺应既有厂区肌理布局，为更多的工业遗存、现状植被、现状路网和基础设施的保护再利用提供友好界面。

2）因地制宜的设计

基地西邻石景山，设计选择在面向石景山的方向打开空间，将石景山作为背景环境融入整个社区的自然氛围中来。片区内的多棵保留大树是基地绝无仅有的自然馈赠，保留的大树画龙点睛地存在于新建社区内，使那些见证了厂区历史变迁的大树以长者的姿态继续注视着厂区的华丽转身。

7.2.4 首钢极限运动公园

（1）项目概况

首钢极限运动公园位于首钢老工业区的最北部，北邻阜石路，西邻冬奥组委办公区，毗邻地铁6号线、S1线和M11线北辛安站（图7-21），占地面积1.79hm²，是由首钢与中国轮滑协会、中国登山协会联手打造的极限运动主题户外体育场地，是北京最大的户外滑板和攀岩场。

（2）改造前后使用功能

首钢极限运动公园包含攀岩区、轮滑区和休闲活动区，滑板区在原火车卸料的"翻车机"基座平台基础上改造而成，攀岩区依托原运料转运站及皮带通廊的支撑结构改造建设（图7-22、图7-23）。

---

① 鞠鹏艳. 大型传统重工业区改造与北京城市发展：以首钢工业区搬迁改造为例 [J]. 北京规划建设，2006（5）：51-54.

图 7-21　首钢极限运动公园项目
范围图

图 7-22　首钢极限运动公园俯瞰

图 7-23　首钢极限运动公园标识
图片来源：王进

（3）方案介绍

首钢极限运动公园设计风格极大地满足极限运动爱好者的精神追求——"崇尚自然，超越自我"。设计同样采取工业遗存改造的方式，滑板运动的尖翻、旋转动作是对翻车机"翻转"动作"动感"属性的继承和演绎，既保留了工业遗址的硬核工业质感，又赋予新的活力与时尚；攀岩运动坚韧果敢、不断向上的精神属性，与工业生产时期运输皮带从低向高输送原燃料的场景高度契合；休闲活动区场地以全无障碍作为设计理念，提供小型广场、非专业半场篮球、非专业轮滑坡地、林下休息空间等非专业休闲运动场地，皮带通廊钢架贯穿场地，成为见证历史的标志性工业雕塑。

2020年10月1日首钢极限运动公园正式开业，"体育+"产业让沉寂的首钢老工业区焕发光彩，融合首钢工业历史感和现代元素，成为京西活力城市空间节点（图7-24）。

图7-24 首钢极限运动公园实景图
图片来源：第三届"首建投"杯魅力园区主题摄影大赛获奖作品

第8章 活力复兴：市民共享的文化活动场所

坚持以人民为中心的发展思想，坚持共建共治共享，实现活力复兴。以新首钢国际人才社区建设为抓手，打造一流的宜居宜业环境，营造开放包容的发展氛围。引入时尚消费、精品运动体验、休闲娱乐等业态，打造本市消费升级新空间。促进职工转岗就业创业，分享发展机遇，共享发展成果，不断增强获得感。

8.1 充满工业记忆的开放空间

8.1.1 首钢空中步道

（1）项目概况和前期思考

首钢空中步道融入首钢山水环境特色，兼容国际高线公园特点、汇聚特色工业文化资源，将东方廊桥（丹陛桥、风雨桥等）与西方高线（纽约高线公园等）特性巧妙融合，提出整体性、连续性、分区组织、美观四大原则，注重场所文化的延续，在保证结构安全的前提下进行功能改造，具有交通性、文化性、景观性、功能性、地标性的特点（图8-1）。

（2）使用功能

首钢空中步道利用现有架空管廊与传送带改造而成，结合装配式精密生产、快速安装的工业化模式进行设计，是集慢行交通、功能联系、观景休闲、健身娱乐于一体的空中线性公共空间，全长约3.5km。主体为线性高架景观步道，距地高度4~12m，平均宽度4m，辅线宽2~3m。

空中步道主要由慢行步道、健身跑道、休闲区域、景观绿化组成，结合不同位置及周边情况设置节点，满足交通组织、娱乐休闲、观景拍照、运动健身、参观首钢等功能需求，配以夜景照明、垂直绿化、服务设施等，以250~500m为间距设置竖向交通满足疏散要求。

图 8-1　首钢空中步道系统（群明湖北侧区段）

（3）方案介绍

首钢空中步道作为立体线性系统将首钢北区串联起来，结合不同功能片区分为三大主题：群明湖北段，改造群明湖北侧现有廊架，多层观湖，与湖区整体营造景观资源优势；纵贯南北的绿轴段，充分考虑体育功能特性，为全民健身提供场地；北区东部的大通廊段，体现商务性格（图 8-2）。

1）群明湖北段

群明湖北侧的空中步道为双层平台，结合水体景观和现有管廊设置。顶层平台距地 11.7 m，兼具观景、慢跑健身等功能，在平台南侧形成垂直绿化，打造立体绿化景观；下层平台距地 4m，兼具游憩和服务等功能，提供舒适体验空间。两层平台提供多样观景视角，也避免了过高的单层廊道给人造成的空间距离感，增添了趣味性（图 8-3）。

2）绿轴段

位于工业遗址公园的首钢空中步道以工业景观的保护利用为主题，犹如架在空中的博物馆参观廊道，使人们可以从更为立体的角度欣赏工业遗产之美，同时为人们探险、拓展提供了好去处。绿轴段空中步道以运动健身为主题，不仅有贯穿首钢北区的慢跑跑道，还增设滑板轮滑专用道，每 200m 设置跑步休息站，内置座椅设施（图 8-4）。

3）大通廊段

紧邻长安街的南部创新工场区域，以办公商务休闲为主，将各个建筑连接，为办公区的人们提供了舒适的室外公共休闲空间。同时充分考虑与地铁的立体衔接，解决人车分流，加强办公楼之间的联系，为办公人员提供便利。而作为景观一部分的首钢空中步道在柱子与栏板等构件设计上更追求办公建筑精致细腻的处理手法。

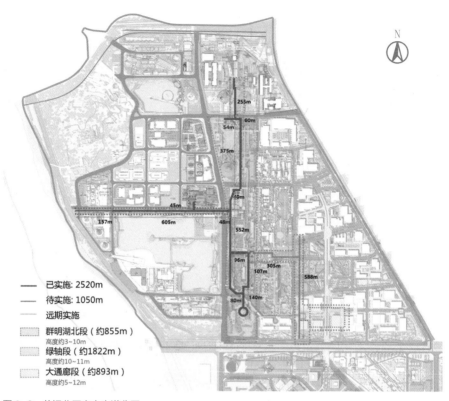

图 8-2 首钢北区空中步道分区

图 8-3 首钢空中步道环群明湖段实景

图 8-4 绿轴段空中步道实景

（4）项目创新点

1）前期检测

对现有钢结构进行检测不但是评定新建钢结构工程质量等级的原始依据，也是鉴定已有钢结构性能指标的依据，首钢空中步道设计前，进行了充分的前期检测鉴定工作。经专业检测单位现场勘测，现有钢构件普遍存在蜕皮、锈蚀、变形等现象，局部钢桁架已经锈蚀成洞，局部钢筋混凝土柱保护层碳化剥落、钢筋外露锈蚀。现有管道错落无序，管径繁杂，个别管道内存在有毒有害气体，对现有构件进行加固修补和对管道的梳理刻不容缓。

2）加固措施

根据现场管廊实际检测情况，针对具体构件存在的问题做出加固方案。首先确定加固原则，最大限度地保留废弃管廊及其空间、结构和外部形态特征，新结构见缝插针式地植入其中，容纳未来的使用功能，以新的现代元素对话旧的工业化历史特征。其次对梁柱进行耐久性修复并整体加固处理，基于既有结构添加钢结构，保留历史记忆，保证新增构件的刚度和承载力。

赋予廊道新的使用功能后，廊道所需承载力有所提升，植筋加固主要运用于结构基础位置。钢柱的加固形式主要采用包钢加固方式，例如由原 H 型钢柱通过两侧焊接槽钢形变为箱型柱，由此增大截面来增强刚度和承载能力。对于跨度较大的跨路段，增设附加支撑调整荷载分布情况，提高整体稳定性。

3）新旧结合

首钢空中步道有限度地对现状进行"加工"延长生命周期，并置入新功能使其新生。

现状多种工业用途的管道，包含氧气管、氮气罐、蒸汽管等，出于对工业遗存的保护与尊重，在保存原有管道的基础上进行管道梳理，通过各种方式处理管道的布置，设计中保存完整、美观、安全的管道，对存留污染性液体及气体的管道或破损较为严重的管道进行拆除。

结合垂直竖向交通增设观景休息平台，平台采取局部放大方式，采用透光玻璃清晰地全方位欣赏管廊的骨架和 U 形管道，打造独特的公共空间。步道采用不同材质划分为塑胶跑道、彩色混凝土步道和防腐木隔板休息区，新的地面材质与深灰色金属结构、绿色立体种植相结合，体现了空中步道景观的融合性，延续了老工业区的历史文脉（图8-5）。

图8-5 空中步道观景休息平台

8.1.2 首钢厂东门广场

（1）项目概况和前期思考

首钢厂东门广场位于首钢老工业区城市公共活动休闲带，南邻长安街西延线，西邻脱硫车间，东侧为现状路，西北侧为焦化厂和群明湖（图 8-6）。项目设计在保护和发掘工业文化景观遗产的同时，创建充满活力的首钢中央绿色通廊，打造集文化、教育、休闲娱乐于一体的生态公园，赋予工业遗产新的生命力。

（2）改造后使用功能

因地处长安街西延线，首钢厂东门广场是首钢老工业区面向长安街的重要门户。同时，因为长安街西延线贯通首钢，位于长安街规划红线内的原首钢厂东门重新选址移位到此（图 8-7），厂东门寄托了老首钢人的历史情怀，首钢厂东门广场也成为首钢的新地标（图 8-8）。

（3）方案介绍

2019 年 10 月，阔别四年半的首钢厂东门经过复建后以原貌重新亮相，首钢员工齐聚一堂，他们对厂东门有着深厚的情感——这道大门不仅曾经是进出首钢的主要通道，还见证了首钢的发展历程和光辉岁月。厂东门广场作为首钢园北区中央绿轴的起点，不仅引领人们体验大尺度工业遗址公园的后工业景观，更将成为首钢人回望历史、开创未来的心理地标。

场地分南、北两部分，面向长安街的南部地区为迎宾区，历史悠久的厂东门前是一个纯粹的

图 8-6　首钢厂东门广场项目范围图

30m×30m 的广场，北部地区为市民提供休闲空间（图 8-9、图 8-10）。一条起始于新厂东门、由北向南的景观轴线延续整个首钢公园，弯曲的漫步道穿过厂东门分别引导到脱硫车间和烟囱区。漫步道提供不同的感官体验：一种沿着古老的铁路线，用地毯式的鲜花和常青的植物覆盖中间部分，周围是野生草和多年生的植被；另一种稍宽的路，沿着开阔草坪绘制出长条形座椅的矮墙，让游客舒适地躺在草坪

图 8-7　首钢厂东门移位选址效果图

图 8-8　首钢厂东门广场效果图

上观看活动演出。中心区域是开阔的草坪，以高大的烟囱作为历史遗迹的结束。

后工业遗迹反映在材料应用上，如耐候钢、混凝土铺地、陶土砖、铁路枕木等，保留高大的烟囱俯瞰园区全景，也可用于户外投影屏幕、灯光秀雕塑等，原有传送装置上的圆柱件被制成雕塑放置在草丛之中。广场公园以及周边植入生态蓄水池，通过植物净化水体与园区水系连成一体，实现水资源收集再利用，形成可持续循环的生态绿廊。

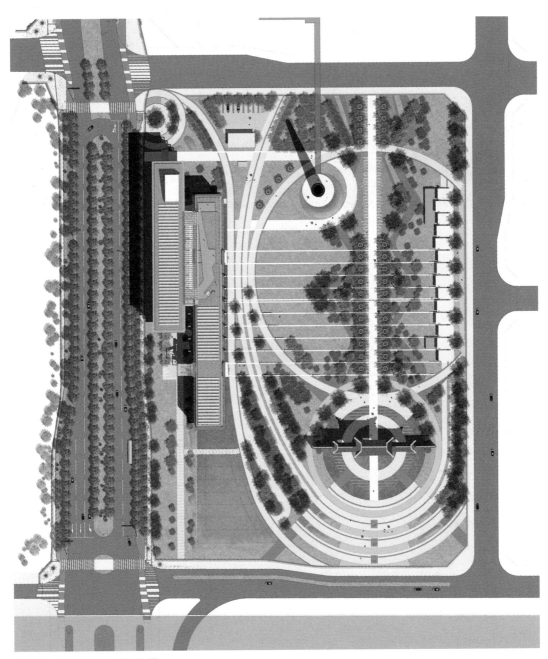

图8-9 首钢厂东门广场总平面图

图 8-10　首钢厂东门广场建设后

8.1.3　晾水池东路绿道

（1）项目概况

晾水池东路位于首钢北区的中心位置，是南北向城市次干路，从长安街西延至阜石路，全长 1.86km（图 8-11），对现状道路改造贯通是冬奥组委办公区入驻首钢的先决条件。

（2）改造后使用功能

晾水池东路是首钢北区的第一条景观大道，同时承载北区主要交通功能。道路串联首钢北区重要的功能片区、山水自然景观和工业景观，道路西侧分布冬奥组委办公及冬奥训练场馆用地、群明湖生态公园，道路东侧为首钢工业遗址公园，道路延线还分布三高炉、四高炉、脱硫车间等典型工业建筑。

图 8-11　晾水池东路绿道项目范围图

（3）方案介绍

道路空间设计注重"以人为本，人车和谐"，在满足通行功能的前提下，以公共交通出行为首要，慢行系统与绿化景观和谐统一，打造新的城市道路空间，突出首钢的时代特征（图 8-12、图 8-13）。景观设计以首钢的人文景观、海绵城市和智慧城区为基础，设置耐候钢路缘石、钢元素的公交站亭、透水非机动车道和人行道结构、下沉式雨水花园、智能灯杆等设施，打造环保、节能、智慧、绿色的景观大道（图 8-14）。

1）海绵城市设计

①自然渗水

设计控制道路横向坡度，将雨水引入路边雨水渗水沟使其自然下渗，多余雨水通过渗水沟内的渗水管导流进入雨水滞留池进行收集，待自然净化后作为水源浇灌植被。

②生态透水砖

人行道铺设的彩色透水砖由首钢自行研发制造，以水泥、建筑垃圾再生骨料为主要原料，不仅是"城市矿产"的有效利用，更是"海绵城市"建设原料，在白天和夜间还可以营造彩色和光感的道路景观。

2）智慧灯杆设计

市政灯杆的造型突出首钢钢铁工业的风格特色，同时安装安防监控等设备以达到环境信息采集、信息发布、安全管理的目的。

对人行道灯杆做调控技术处理，通过地面发光石的发光时间控制开灯时间，使灯光照明与地面照明互补达到节约能源的目的。

图 8-12　晾水池东路设计效果图

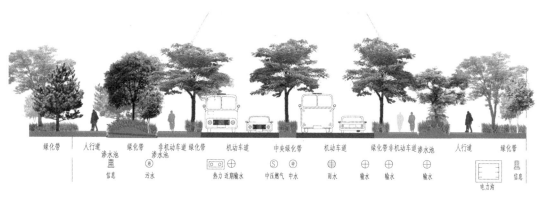

| 绿化带 | 人行道 | 绿化带 | 非机动车道 | 绿化带 | 机动车道 | 中央绿化带 | 机动车道 | 绿化带 | 非机动车道 | 渗水池 | 人行道 | 绿化带 |

渗水池　信息　渗水　污水　　　热力近期输水　中压燃气 中水　雨水　输水　输水　输水　　电力沟　信息

图 8-13　晾水池东路道路横断面图

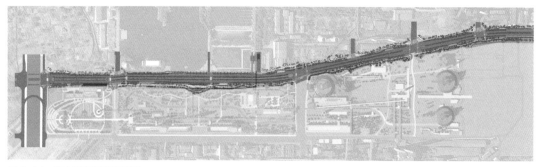

图 8-14　晾水池东路总平面图

图 8-15 晾水池东路特色井盖

图 8-16 晾水池东路铺装颜色

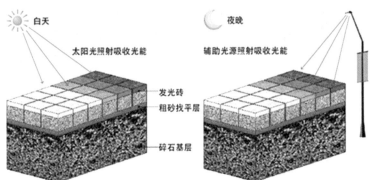

图 8-17 首钢研制的晾水池东路特色铺装材料

3）首钢特色设计

①特色井盖

市政井盖造型做独特设计，尊重首钢工业历史、体现工业文化、宣传工业生产流程，使首钢文化渗透在道路的每一个景观细节中（图 8-15）。

②铺装颜色设计

有百年历史的首钢无处不散发浓郁的工业气息，通过提取生产过程中煤燃烧前的"黑"、燃烧过后的"灰"、炉火燃烧的"红"、生产过程中迸裂钢花的"白"，作为首钢特有的道路铺装颜色（图 8-16）。

③特色铺装材料

铺装面砖将传统材料与新型发光材料结合，利用传统工艺加工成发光砖，通过吸收、储存紫外线进行发光，减少灯光照明，从而达到节约能源的目的（图 8-17）。

4）技术特色

①预制可拼装结构

为了体现首钢工业文化，市政灯杆和公交车站做独特的景观造型结构设计；同时为倡导首钢绿色生态建设原则，钢结构在工厂预制后，现场采用栓接施工技术，通过零焊接真正做到绿色施工。

②耐候材料

在路面材料分界处，摒弃以往路缘石交接处理，采用耐候钢分割两种材料，不仅满足功能要求，体现工业文化特色，更无需管理，越持久越展现耐候特性，于细节处理体现生态发展。

8.2　激发场所活力的特色活动

为了在首钢老工业区长期改造过程中保持和激发场所的持久活力，首钢充分利用各类特色工业资源和开放空间，开展体育、文化、创新产业发布与体验等特色活动，持续推动首钢老工业区走向可持续发展的复兴之路。

8.2.1　国际体育赛事

（1）北京 2022 年冬奥会首钢园被世界瞩目

2022 年 2 月 2 日，北京冬奥会火炬接力活动启动，17 时 57 分来到首钢园，在首钢人的精神地标——厂东门广场开始进行火炬传递，终点抵达三高炉南广场，随后进行火炬接力展示活动（图 8-18）。

2 月 4 日，北京冬奥会开幕式直播画面展现了首钢园的壮美，开场视频呈现的中国传统二十四节气中，首钢园以工业风的刚柔并济之美多次出现在画面中。

图 8-18　在厂东门广场开始进行的北京冬奥会火炬传递

图 8-19　冬奥会期间的首钢滑雪大跳台

2月8日和2月15日，北京冬奥会首钢滑雪大跳台产生的四枚金牌中，自由式滑雪女子大跳台和单板滑雪男子大跳台两个项目金牌由中国选手谷爱凌和苏翊鸣获得，这是中国选手第一次参加该项目冬奥会比赛并实现历史突破。首钢园区在滑雪运动员腾空时展现的独特景观受到国内外媒体的高度关注，在这场全球瞩目的世界盛会中，首钢凭借百年历史文化底蕴和特色创新发展理念，成为北京2022冬奥会的"绝美风景线"（图8-19）。

（2）2019年国际雪联中国北京越野滑雪积分大奖赛

2019年3月2日，国际雪联中国北京越野滑雪积分大奖赛首钢站比赛在首钢举办，来自21个国家的200名运动员齐聚首钢一展"速度与激情"，吸引近2000名观众和众多媒体到场观战。国际雪联中国北京越野滑雪积分大奖赛，是首都北京开启2022北京冬奥时间的重要国际冰雪大赛，也是北京城市中心区的冰雪盛事，更是讲述北京故事宣传奥运文化的冰雪城市名片（图8-20）。

（3）2019沸雪北京国际雪联单板及自由式滑雪大跳台世界杯

2019沸雪北京国际雪联单板及自由式滑雪大跳台世界杯于12月12—14日在首钢举办（图8-21）。沸雪原名 Air+Style，1993年创立于奥地利因斯布鲁克，比赛形式为单板选手从高处滑行而下，通过大跳台起跳，可随意表演各种空翻、回转等动作，沸雪创造性地将音乐表演、体育竞技以及盛大的庆

图8-20　2019年国际雪联中国北京越野滑雪积分大奖赛
图片来源：第二届"首建投"杯魅力园区主题摄影大赛获奖作品

图 8-21　2019 沸雪北京国际雪联单板及自由式滑雪大跳台世界杯

功派对融合在一起。在世界杯举办期间,观众不仅可以观看高级别的大跳台赛事,还可以欣赏首钢光影秀表演。

8.2.2 文化艺术展演

(1)三高音乐会

2013 年 5 月 11 日,"铁色记忆——中国三大男高音'唱响首钢'实景音乐会"亮相停产后的首钢老工业区,在雄伟高炉群映衬下,"中国三大男高音"戴玉强、魏松、莫华伦在五号高炉遗址举办大型实景音乐会(图 8-22)。整场演唱会容纳 5000 余位观众,充分利用首钢工业遗存打造文艺新品牌,使传统工业区与文化创意结合发展。

(2)中国舞蹈节

2018 年 9 月 15 日,第七届中国舞蹈节系列活动在首钢老工业区举行(图 8-23)。环境舞蹈结合首钢工业特色设计,形成舞蹈与自然、时间、空间的对话,展示力与美、刚与柔的对比,使首钢老厂区的百年厚重与舞蹈艺术的灵动相互碰撞。

图 8-22　铁色记忆——中国三大男高音"唱响首钢"实景音乐会

（3）2019 北京卫视跨年晚会

2019 年北京卫视跨年晚会致敬冬奥，主题为"天涯共此时，冰雪新篇章"，突破传统舞台模式，首钢是本次晚会实景场地之一（图 8-24）。晚会以三高炉、热风炉、冷却塔等承载大量工业记忆的建（构）筑物为背景，冰雪、文艺、钢铁完美地交融在一起，首钢的城市更新改造效果令人瞩目。这标志着首钢老工业区从工业性向城市性的转变，工业遗存不再是一座宏大封闭的钢铁巨构，而是面向城市展开怀抱的积极空间。

图 8-23 第七届中国舞蹈节

图 8-24 2019 北京卫视跨年晚会

（4）冰火铸梦——首钢高塔光影秀

2019 年 12 月 12 日，"冰火铸梦——首钢高塔光影秀"于首钢冬奥广场首演，以"飞天"滑雪大跳台、首钢东南冷却塔和北冷却塔群为幕，运用多媒体手段打造首钢工业历史、冬奥主题的大型光影秀（图 8-25），带领观众穿梭时光，身临其境般融入敦煌飞天、百年首钢、燃情奥运等情境。首钢借助光影秀表达"活力复兴"，成为京城夜间经济的新去处。

（5）这里是首钢园——老首钢人讲述首钢新故事

2020 年 8 月 22 日，"这里是首钢园"系列活动举办，活动以"老首钢"讲故事的形式，邀请老首钢人带领游客体验专属定制游。首期邀请首钢退休老厂长丁建国讲述厂东门广场沿线建筑的"前世今生"（图 8-26），第二期"探秘冬奥"邀请"老首钢"带领市民探秘首钢与奥运的特殊情缘，第三期"铁色记忆"邀请原三高炉炉长宋静林带领市民感受首钢激情燃烧的岁月。首钢的温度、时间的深度、空间的广度、发展的速度和文化的厚度被市民深切地感知，首钢复兴的精神意志得到广泛的社会认可。

图 8-25　首钢高塔光影秀

图 8-26　退休老厂长丁建国向游客们介绍厂东门

8.2.3 创新产业首发

工业遗存变身特色发布场，首钢打造全球首发中心及首店商业模式——"首发""首店""首秀""首演"的文化科技新高地，形成品牌集聚效应，推动首钢老工业区亮起来、热起来。

（1）新品发布

2018年11月23—24日，全新梅赛德斯-奔驰长轴距A级轿车中国上市盛典在首钢三高炉举行（图8-27），活动将高炉工业感的建筑结构风格与年轻时尚、科技豪华的活动氛围完美融合。高炉通体的红色灯光、错综复杂的内部钢架、高大宽敞的空间和工业流程装置散发极强的工业魅力，带给观众极具震撼的工业风视觉盛宴。嘉宾纷纷称赞："这个发布会实在太酷了，无法想象它居然发生在一个炼铁炉里！"

（2）游戏创新体验

2020年8月15日，"电竞北京2020"北京国际电竞创新发展大会在首钢三高炉召开，首钢园获得"北京市游戏创新体验区"授牌（图8-28），"电竞之光"展览交易会在首钢同期举行，来自电竞领域的代表企业围绕5G、人工智能、沉浸式体验等技术在电竞领域的应用，集中展示引领未来电竞产业发展方向的新内容、新技术、新装备、新产品，首钢结合特色空间打造精品游戏体验场景，树立首钢品牌活力。

（3）数字体验

1）智能零售新体验

落户首钢的美团MAI SHOP是首个落地的完整自动化生活服务新零售门店，占地约100m²的美团MAI SHOP支持线上APP下单、到店自提、园区内美团站牌扫码下单等不同的购物方式，全场景实现零售到手的新体验。MAI SHOP系统即时进行订单自主处理，通过自动拣选、AGV小车配货、打包以及无人车配送一系列流程，完成订单运作，为游客带来全新的购物体验（图8-29）。

2）数字光影技术体验

RE睿·国际创忆馆的展馆前身是存储铁矿、氧化石、焦炭等工业炼铁原材料的筒仓，筒高超28m，中心底部设有11.5m高的下料锥。经过改造，筒仓空间特色保留并打造沉浸式裸眼光影秀，通过5G+8K高清影像和AI+AR等技术，实现以"文化遗产×数字创意"为内核的沉浸体验（图8-30）。

（4）自动驾驶

2020年9月28—29日，第三届"AIIA2020人工智能开发者大会"首次落户京西，多场重磅活动在首钢举办，大会旨在打造我国人工智能产业发展的"前沿阵地"。首钢将面向全世界开放自动驾驶合作，率先建设5G车联网提供5G网络支持，打造成为智能化城市示范区、自动驾驶示范区（图8-31）。

图 8-27　奔驰发布会
在首钢举办

图 8-28　2020 年北京国际电竞创新发展大会

图 8-29　首钢园区内的美团 AGV 小车配货

图 8-30　首钢园区内的 RE 睿·国际创忆馆光影秀
图片来源；RE 睿·国际创忆馆

图 8-31　首钢园区内的自动驾驶汽车

8.2.4　创意文娱体验

（1）香啤坊

　　香啤坊坐拥秀池和石景山的景致，餐厅设计充分利用原有工业建筑架构，融合现代时尚气息和钢铁工业风美感，为游客提供独具魅力的山—水—工业景观消费场景，打造年轻化和时尚化的餐饮及社交生活体验（图 8-32）。

（2）全民畅读艺术书店

　　定位于"潮·酷·科技·时尚"的全民畅读艺术书店探索客群持续年轻化的发展趋势，在首钢店努力打造一个未来十年引领潮流的打卡圣地，引领科技范、潮流范，与墨甲机器人剧场、小米旗舰体验店等多业态进行有机融合，带来书店文化空间的全新体验（图 8-33）。

图 8-32　首钢园区内的香啤坊

图 8-33　首钢园区内的全民畅读艺术书店
图片来源：全民畅读艺术书店

第9章　深度转型初见成效

从 2005 年国务院批准首钢老工业区搬迁至今，经过国家和地方各级政府部门、规划设计团队以及首钢人近二十年的不懈努力，首钢老工业区转型发展已初见成效，一个百年老工业区以崭新的面貌再次呈现在世人眼前。

2019 年 2 月 1 日，习近平总书记来到首钢老工业区考察北京冬奥会筹办工作。习近平总书记观看了展示首钢北区和冬奥会滑雪大跳台规划建设情况的沙盘及展板，询问首钢历史、产业发展、北区规划建设、滑雪大跳台建设、新首钢大桥等情况。对百年首钢来说，这是对首钢转型发展的充分肯定，也是继续开创未来的新起点。

9.1 全国与国际层面的更新范例

首钢综合转型取得阶段性成效，石景山区被国务院授予"真抓实干推进老工业基地调整改造典型"的表彰。国务院办公厅印发《关于对 2018 年落实有关重大政策措施真抓实干成效明显地方予以督查激励的通报》（国办发〔2019〕20 号）提到："这充分体现了党中央、国务院对北京市石景山区推动老工业基地转型升级工作的充分认可。近年来，石景山区紧紧抓住北京冬奥会筹办和新首钢地区打造新时代首都城市复兴新地标两大历史性机遇，创新思路、深化改革，推动经济社会发展和产业转型升级取得了积极成效。"

2017 年北京市新首钢城市更新改造项目获得"中国人居环境范例奖"（图 9-1），首钢的转型不仅是园区生产方式的转型，还涉及企业发展方向转型、区域用地结构空间布局转型、场地可持续发展、社会环境转型和钢铁文化传承发展。

2017 年 8 月，国际奥委会主席巴赫来到首钢滑雪大跳台选址地、北京冬奥组委首钢办公区，首钢的历史积淀、工业遗存、文化魅力给他留下了非常深刻的印象（图 9-2）。他说："首钢工业园区的保护性改造是很棒的一个想法，将老厂房、高炉等工业建筑变成体育、休闲设施，同时也作为博物馆，让人们记住首钢、北京和中国的一段历史，这是激动人心的做法。北京冬奥组委选择在首钢园区办公让老工业遗存重焕生机，在工业旧址上建起标志性建筑，这个理念在全世界都可以说是领先的，做出了一个极佳的示范。"

2017年11月4—5日，以"老工业区发展转型与规划实施——北京首钢规划的实践探索"为主题的第五届中国城乡规划实施学术研讨会暨中国城乡规划实施学术委员会年会在北京召开（图9-3），学术委员会主任李锦生提到"十年磨一剑，规划实施正在推动首钢老工业实现企业转型以及社会文化空间和各个方面的综合效益"。

2019年9月23日，在首钢建厂百年之际，北京市规划与自然资源委员会、中国建筑学会、首钢集

图9-1   北京市新首钢城市更新改造项目狄"中国人居环境范例奖"

图9-2   国际奥委会主席巴赫参观新首钢

图9-3   2017年第五届中国城乡规划实施学术研讨会参会专家合影

团举办"纪念《北京宪章》与国际建筑师协会第 20 届世界建筑师大会 20 周年座谈会"（图 9-4）。隋振江副市长在发言中谈道："首钢就是产业结构调整、城市更新的一个典范，从产业结构调整、环境保护、历史遗产保护和城市更新等方面，首钢园区都做了全面的实践。"

2019 年 12 月 20 日，中国城市规划学会城市设计学术委员会年会在首钢召开。首钢的规划实践历程和转型经验，以及冬奥组委办公区、三高炉及秀池、冬训中心、空中步道、群明湖及首钢大跳台等更新项目，向参会人员进行了系统展示和交流（图 9-5）。

历经长期不懈的努力，首钢老工业区转型发展与更新改造已成为具有国际影响力的城市更新项目，

图 9-4　纪念《北京宪章》与国际建筑师协会第 20 届世界建筑师大会 20 周年座谈会

图 9-5　2019 年中国城市规划学会城市设计学术委员会年会参会专家合影

并在城市规划设计等学术领域积极推动新时期城市更新的实践探索，努力打造国内外老工业区更新项目的典范。

9.2 首都城市复兴的新地标

首钢老工业区的转型为首都建设了"新时代首都城市复兴的新地标"，在落实文化复兴、生态复兴、产业复兴、活力复兴方面取得阶段成效，已成为北京城市深度转型的重要标志。

钢铁工业文化是首都历史文化金名片中不可或缺的组成部分，首钢工业遗存在整体性、结构性保留再利用的指导思想下，通过全过程创新的规划设计和建造实施，系统传承大尺度钢铁工业区的完整风貌，各类工业遗存通过恰如其分的规划设计被新的城市功能激活，首都的钢铁文化历史文脉被保护与传承。

首都西部生态环境治理问题在首钢停产搬迁后，实施永定河生态修复和石景山景观公园建设，并且整体治理永定河沿线首钢、石景山、门头沟、丰台的滨河地区，建成首都西部大尺度滨河森林公园，长安街西延线的贯通打开了首都城市西大门，使西部区域山水共融的生态景观以全新的面貌向市民展现。

首钢凭借独特的后工业文化品质和更新改造形成的国内外影响力，已经成为首都高端创新产业与创业人才的新型聚集地。冬奥不仅为首钢老工业区转型提供了内生动力，也成为带动京西地区整体功能提升的引擎，通过推动体育与文化、科技与金融、创业与宜居等功能的融合发展，培育"体育＋""文化＋""科技＋"的产业生态，首钢地区将成为新型高精尖产业发展的综合性加速器，以及首都城市功能和国际交往功能的重要承载地。

首钢从封闭的"孤岛"面向城市完全开放，轨道和道路的贯通、市政设施和城市公共设施的建设，从空间和功能的联系实现首钢与首都城市融合发展。以工业风和自然山水为背景的特色公共空间营造和创意体验活动的开展，使首钢成为具有独特魅力的城市活力空间。更多人开始关注首钢创新业态和新型空间，新的发展诉求向首钢周边区域扩散，京西不再是落后、单一、缺乏吸引力的形象，经历沧桑巨变后成为城市发展的新型活力区。

9.3 首钢与首钢人的慰藉

为了首都建设和京津冀协调发展，首钢老工业区以壮士断腕的决心实施主厂区停产搬迁改造，通过全面深度转型探索和长期艰苦卓绝的提升发展，首钢集团从单一钢铁产业转变为钢铁、城市综合服务双轮驱动（图9-6）。首钢企业转型成效得到国家高度认可，作为北京市唯一一家国有企业深化改革综合试点，入选国务院国企改革"双百"企业。

通过转型，首钢主厂区留守的一万多名传统产业工人全部再就业，工人及其家庭在新首钢重新找到了生活和精神的寄托。一名老首钢人在采访中说："你们外人来这里是一种旅游，感受传统与现代的交织。

图 9-6 新首钢主要业务板块图

我们来这里就是一种怀旧，看到自己曾经朝夕相伴的'老伙计'还在，或者以一种新的形式存在，心里是一种安慰。"

从首钢主厂区停产之前的五年时间，规划开始提前谋划首钢的转型与更新，近二十年的陪伴式的首钢规划实践不仅支撑首钢老工业区的改造建设，也对首钢深度转型发展发挥了积极的引领作用，在老工业区更新领域探索共建共治共享的新模式。

9.4 展望未来

2019 年 12 月 27 日，中共北京市委办公厅、京市人民政府办公厅印发《加快新首钢高端产业综合服务区发展建设打造新时代首都城市复兴新地标行动计划（2019—2021 年）》，将首钢全力打造成城市更新标杆工程，努力实现多约束条件下超大城市中心城区文化复兴、产业复兴、生态复兴、活力复兴，体现新时代高质量发展、城市治理先进理念和大国首都文化自信。

到目前为止，行动计划要求的到 2021 年底的目标全部完成，以服务保障北京冬奥会为契机，区域环境面貌、重大基础设施服务能力、城市功能全面提升，产业转型活力开始释放，群众获得感明显增强，新时代首都城市复兴新地标建设取得阶段性成果。

到 2035 年左右，新首钢地区在首都城市发展格局中的影响力全面提升，首钢与曹妃甸双园区联动效应全面显现，新首钢地区建成具有国际示范意义的城市老工业区复兴地标。

9.5 结语

首钢诞生于民族危难时期，起飞于中华人民共和国成立之后，与共和国同呼吸，与首都共成长。1919 年至今，首钢发展已跨越百年，一代代首钢人艰苦奋斗、筚路蓝缕，在时代发展的潮头不断奋进，凝聚成了首钢"敢为天下先"的精神气质，这种精神早已深深根植于这片土地和这片土地上的人民。

首钢百年历史的辉煌已载入史册，新的画卷正徐徐展开。随着共和国和首都的建设发展，城市规划工作还将伴随首钢转型发展道路继续前行，我们期待首钢老工业区作为"新时代首都城市复兴新地标"在新的百年再创辉煌。

参考文献

[1] 北京市城市规划设计研究院，北京市建筑设计研究院有限公司，清华大学建筑学院，等.首钢老工业区转型发展规划实践——北区详细规划 [Z].北京，2017.

[2] 朱继民.以科学发展观为指导 建设21世纪新首钢 [J].冶金经济与管理，2006（4）：6-8.

[3] 罗冰生.面向新世纪 建设新首钢 [J].未来与发展，2001（4）：47-49.

[4] 鞠鹏艳.大型传统重工业区改造与北京城市发展：以首钢工业区搬迁改造为例 [J].北京规划建设，2006（5）：51-54.

[5] 北京市地方志编纂委员会.北京志·城乡规划卷·规划志 [M].北京：北京出版社，2009.

[6] 全国老工业基地调整改造规划（2013—2022年）（2013年编）.

[7] 国务院办公厅.国务院办公厅关于推进城区老工业区搬迁改造的指导意见，国发〔2014〕9号.

[8] 北京市人民政府关于推进首钢老工业区改造调整和建设发展的意见（京政发〔2014〕28号），北京市人民政府，2014年9月23日.

[9] 关于支持老工业城市和资源型城市产业转型升级的实施意见（发改振兴规〔2016〕1966号），国家发展改革委，科技部，工业和信息化部，国土资源部，国家开发银行，2016年9月13日.

[10] 王晶.英国工业遗产的公众开放与管理 [N].中国文物报，2013-01-11（005）.

[11] 镇雪锋，张松.英国工业遗产保护区的保护复兴经验与借鉴：以纽卡斯尔奥斯本河谷保护区为例 [J].城市建筑，2012（3）：24-27.

[12] 于磊.英国工业遗产价值评定研究 [J].华中建筑，2014，32（12）：124-128.

[13] 程世卓，余磊，陈沈.旅游产业视角下的英国工业建筑遗产再生模式研究 [J].工业建筑，2017，47（9）：49-53.

[14] 郭婷，王翔.文化刺激下的英国阿尔伯特港改造利用 [J].工业建筑，2017，47（9）：186-190.

[15] 王庆日，张志宏，许实.城区老工业区改造的土地政策研究 [J].中国国土资源经济，2014，322（9）：40-43.

[16] 崔宁.伦敦新金融区金丝雀码头项目对上海后世博开发机制的启示 [J].建筑施工，2012，34（2）：85-88.

[17] 王益，吴永发，刘楠.法国工业遗产的特点和保护利用策略 [J].工业建筑，2015，45（9）：191-195.

[18] 徐燕兰.美国老工业区改造的经验极其启示 [J].广西社会科学，2005，120（6）：50-52.

[19] 李静.转型期上海老工业区产业调整规划策略研究：以上海市漕河泾开发区东区产业

调整规划为例 [J]. 上海城市规划，2012（2）：112-115.

[20] 叶林. 转型过程中的中国城市管理创新：内容、体制和目标 [J]. 中国行政管理，2012，328（10）：73-77.

[21] 刘奇志，何梅，汪云，等. 武汉老工业城市更新发展的规划实践 [J]. 城市规划，2010，34（7）：39-43.

[22] 杨宏山，张延吉. 信息运用与城市规划管理创新 [J]. 上海城市规划，2015（2）：76-80.

[23] 张杰. 论聚落遗产与价值体系的建构 [J]. 中国文化遗产，2019（3）：4-11.

[24] 青木信夫，徐苏斌，张蕾，等. 英国工业遗产的评价认定标准 [J]. 工业建筑，2014，44（9）：33-36.

[25] 刘抚英，邹涛，栗德祥. 德国鲁尔区工业遗产保护与再利用对策考察研究 [J]. 世界建筑，2007（7）：120-123.

[26] 范晓君，徐红罡，DietrichSoyez，等. 德国工业遗产的形成发展及多层级利用 [J]. 经济问题探索，2012（9）：171-176.

[27] 李蕾蕾. 逆工业化与工业遗产旅游开发：德国鲁尔区的实践过程和开发模式 [J]. 世界地理研究，2002（3）：57-65.

[28] 卓健，刘玉民. 法国城市规划的地方分权：1919—2000 年法国城市规划体系发展演变综述 [J]. 国际城市规划，2009（S1）：246-255.

[29] 王永帅，哈静. 基于共生理论视角下的抚顺市工业遗产共生保护机制研究 [J]. 华中建筑，2020（9）：82-86.

[30] 唐洪亚，陈刚. 论英国城市更新理论在中文语境中的发展及启示 [J]. 合肥工业大学学报（社会科学版），2015（5）：48-54.

[31] 罗翔. 从城市更新到城市复兴：规划理念与国际经验 [J]. 规划师，2013（5）：11-16.